# Bartagamen

Titel vorne: oben:
*Pogona vitticeps* (K. Grießhammer)
unten rechts: *Pogona vitticeps* (K. Dunne)
unten links: Jungtier einer "Dunner"-Variante. Foto: M. Metz/M. Lubowietzki

Titel Rückseite (von oben nach unten):
*Pogona vitticeps* (R.D. Bartlett)
*Pogona henrylawsoni* (K. Grießhammer)
Jungtier "Hypo Red"-Variante. Foto: M. Konrad

Abb. S. 1: "Red hypo translucent" Variante, Weibchen
*Pogona vitticeps* (A. Russek/C. Fiedler)
Abb. S. 3: *Pogona vitticeps* (U. Dost)

Köhler, Gunther
Grießhammer, Karsten &
Schuster, Norbert

**Bartagamen**

Biologie, Pflege, Zucht, Erkrankungen, Zuchtformen
2. Auflage 2013
ISBN 978-3-936180-37-4


Layout und Satz: Elke Köhler, Petra Schwarzmann
Lektorat: Helmut Diethert, Mandy Decker

# Bartagamen

Biologie • Pflege • Zucht • Erkrankungen • Zuchtformen

von Gunther Köhler, Karsten Grießhammer & Norbert Schuster

435 Farbfotos • 30 Zeichnungen und Diagramme

HERPETON
Verlag Gunther Köhler

# Inhalt

# Allgemeiner Teil

Abb. 1. Pärchen von *Pogona vitticeps.*
Foto: G. Köhler

# Einführung und Dank

Bartagamen zählen wegen ihrer attraktiven Erscheinung, der moderaten Größe, ihres überwiegend ruhigen Wesens und der oftmals sehr ausgeprägten individuellen Persönlichkeit zu den beliebtesten Terrarientieren überhaupt. Sie werden gleichermaßen von Zoos und Privatpersonen gepflegt und in großer Zahl vermehrt. Somit gehören sie zu den Reptilienarten, bei denen der Bedarf an Terrarientieren vollständig aus Nachzuchten gedeckt wird. Bartagamen haben den Ruf, problemlos und gut haltbar zu sein, was bei gesunden Tieren und fachgerechter Pflege auch zutrifft.

▲ Abb. 2. Portrait einer *Pogona vitticeps*. Foto: A. Huy

Dieses Buch soll dazu beitragen, Haltungsfehler zu vermeiden, damit die vielen gezüchteten Jungtiere eine gute Zukunftsperspektive haben. Die Anschaffung von Bartagamen sollte daher gut überlegt sein. Neben den vielen Vorzügen als Terrarientiere übersehen viele Halter, dass Bartagamen mit ihrem recht günstigen Preis viel Platz und hochwertige, kostenintensive Technik und Zubehör sowie tägliche Pflege mit dem nötigen Fingerspitzengefühl benötigen. Die notwendige Verfütterung lebender Insekten kann ebenso ein Hindernis darstellen wie das Veto der Mitbewohner. Die Lebenserwartung der Echsen beträgt bis über zehn Jahre. Es sollte auch bedacht werden, dass Bartagamen einen großen Teil des Tages inaktiv verbringen und als "Streicheltiere" gänzlich ungeeignet sind. Sie bauen keine Verbindung zum Menschen auf wie andere Tiere (z.B. Hunde oder Katzen). Langfristiger Erfolg mit Bartagamen wird sich nur dann einstellen, wenn der Tierbesitzer sich die notwendigen Fachkenntnisse aneignet und diese bei Terrarientechnik, Einrichtung, Vergesellschaftung und Ernährung entsprechend umsetzt. Wer jedoch eine attraktive Terrarienechse sucht, an der er bei guter Pflege über viele Jahre Freude hat, kann mit Bartagamen die richtigen Pfleglinge gefunden haben. Wenn nicht anders erwähnt, gelten die Angaben im Buch für *Pogona vitticeps*. Die Ansprüche der übrigen *Pogona*-Arten sind jedoch recht ähnlich. Besonderheiten der einzelnen Arten werden im Artenteil besprochen.

Für die Überlassung von Fotos, Daten und unveröffentlichten Beobachtungen bedanken wir uns bei: Kelly Affonce, Steven Barnes (bloodbankdragons), Richard D. Bartlett, Marco Braun (ghost-dragons), Danny Brown, Michael Boos, Annemarie Calgua, Harald Cogger, Thomas Clarke (BaltimoreBeardies), Sonja Cremer, Bettina Christian, Mandy Decker, Lisa Dodd, Uwe Dost, Udo Dreutler, Kevin Dunne (Dragon's Den Herpetoculture), Jürgen Eckert, Bernd Eidenmüller, Edeltraud Endrich, Christian Fiedler, Diana und Oliver Fink (Aqua-Terra-Shop, Hanau), Oliver Fischer, Werner Frank†, David Freeman, Sonja Griemens, Sascha Hachenberg (ghost-dragons), Sandra Heinrich (geckopage), Dominik Hirschinger, Hans-Georg Horn, Paul Horner, Andreas Huy, Alina Jansen, Kathrin Kepper, Michael Kluge, Michaela Konrad (Drago Infernale), Jörn Krämer und Yannick Krämer, Andreas Kübler, Bianca Lang, Bert Langerwerf†, Stefanie Lasicki, Martina Lubowietzki, Alexandra Luft, Robert Mailloux (Sandfire-Dragon-Ranch), Markus Metz (dragon-heart), Isabell Millek, Bill Moss, Mike Moore, Vanessa Mueller, Andreas Nöllert, Adam Norris, Jacques O'Dell (witblitsdragons), Dennis Oonincx, Roland Pesch, Johannes Pichler, Mathias Raatz, Dieter Ruf, Birgit Rüschoff, Aline Russek, Jennifer Schmidt, Christian Schneider, Felix Schuchmann, Ursula Schuster, Glenn Shea, Natascha Smyrek, Christopher Stancel (dvmexotics), Sven Tränkner, Dieter Vogel, John Weigel, Rudolf Wicker, Nina Wiebel und John Wombey. Mandy Decker gilt unser besonderer Dank für intensive Diskussionen zu zahlreichen Aspekten der Bartagamenpflege. Bei Helmut Diethert und Ingo Kober bedanken wir uns für die sorgfältige Durchsicht des Manuskriptes bzw. von Teilen des Manuskriptes.

▲ Abb. 4. Bartagamen sind attraktive Echsen. Foto: I. Millek

▲ Abb. 3. Bartagamen beim Sonnen im Freilandterrarium. Foto: A. Calgua

# Beschreibung

▲ Abb. 5. Charakteristisch ist die kräftige Kopfbestachelung (*P. vitticeps*). Foto: R.D. Bartlett

Alle Bartagamenarten haben ein ähnliches Erscheinungsbild. Die meisten haben einen großen, breiten, dreieckigen Kopf und, bis auf zwei Ausnahmen, einen kräftigen dorsoventral abgeflachten Rumpf, mehr oder weniger kräftige Gliedmaßen sowie einen runden Schwanz. Der Schwanz dient als Stützorgan, zur Fettspeicherung und als Waffe. Im Gegensatz zu Echten Eidechsen (Familie Lacertidae) und einigen anderen Echsen können Bartagamen ihren Schwanz nicht autotomieren, also abwerfen. Dennoch können bei Angriffen oder Unfällen Stücke

▲ Abb. 6. Bartagamen haben kräftige Krallen, die zum Klettern, Festhalten und Graben zum Einsatz kommen. Foto: K. Grießhammer

des Schwanzes verletzt werden oder abreißen. Diese wachsen aber nicht nach.

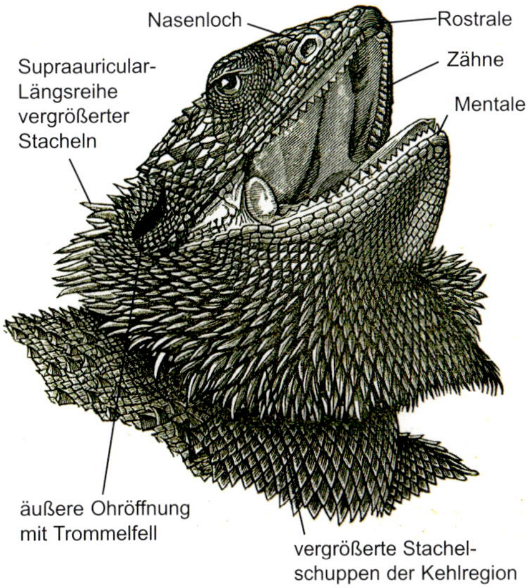


▲ Abb. 7. Ansicht eines Kopfes; hier *Pogona barbata* (Zeichnung aus McCoy 1840).

Die kleinen Arten (z.B. *P. henrylawsoni*) erreichen eine maximale Kopf-Rumpflänge (KRL) von knapp 15 cm, die großen Arten (*P. barbata, P. vitticeps*) erreichen eine KRL von 25 cm. Die Schuppen sind in ihrer Größe sehr variabel, aber fast alle gekielt, rau und oft stachelig. So ziehen sich an den Flanken, von den Vorderbeinen bis zum Becken, je nach Art, eine bis mehrere Stachelreihen entlang. Charakteristisch sind die auffällig kräftige Kopfbestachelung und die in unterschiedlichem Maße aufstellbare Kehle, bzw. der "Bart", dem die Gattung *Pogona* (griechisch: Bart) auch ihren Namen verdankt. Sie besitzen mit Hilfe ihres Zungenbeinapparates die Fähigkeit, ihre Kehle abzuspreizen. Dabei rotieren die ersten Ceratobranchialspan-

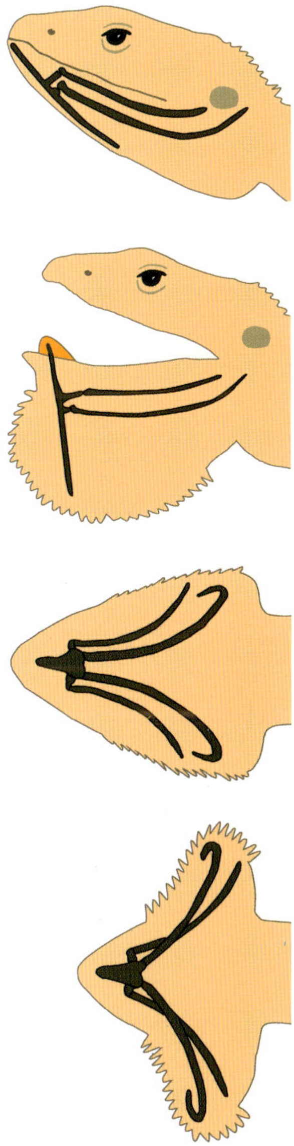

▲ Abb. 8-11. Ansicht des Zungenbeinapparates beim Abspreizen der Kehle; oben: Seitenansicht (verändert n. Kästle 1973); unten: Ansicht von oben (verändert n. Throckmorton et al 1985).

gen nach unten und außen (THROCKMORTON et al. 1985; vgl. Abb. 8–11). Von vorne sieht die aufgestellte Kehle dann wie ein "Bart" oder Fächer aus. Gerade die Kopfbestachelung ist das wichtigste Unterscheidungsmerkmal bei den Arten (vgl. Bestimmungsschlüssel S. 190). Das Trommelfell ist sichtbar. Die Augen werden durch Lider geschützt. Neben dem Ober- und Unterlid haben die Agamen ein sogenanntes "Drittes Lid", die Nickhaut, die von dem inneren Augenwinkel über das Auge geschoben werden kann (Schutzfunktion). Die Augen stellen das wichtigste Wahrnehmungsorgan der Tiere dar. Während sie relativ schlecht hören können, sehen sie gut und können Farben unterschei-

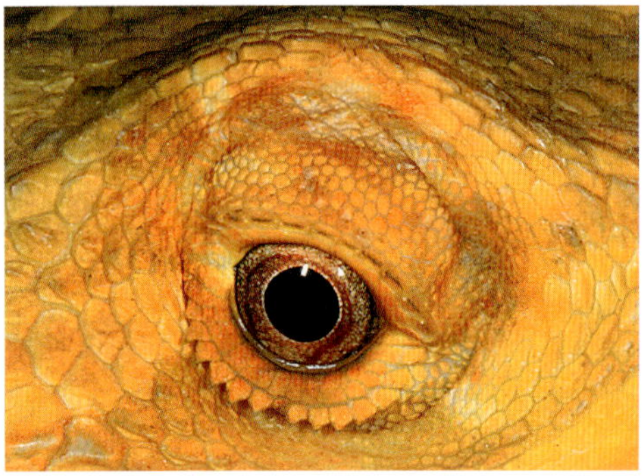

▲ Abb. 12. *Pogona barbata* mit aufgestellter Kehle in Woodgate. Foto: B. Eidenmüller

◀ Abb. 13. Das Auge. Bartagamen sehen gut und können auch Farben unterscheiden. (*Pogona vitticeps*). Foto: G. Köhler

◀ Abb. 14. Das Trommelfell. Foto: G. Köhler

▼ Abb. 15. Das "Dritte Lid", die Nickhaut ist sichtbar (*P. henrylawsoni*). Foto: K. Grießhammer

▲ Abb. 16. Das Parietalauge (siehe Pfeil). Foto: K. Grießhammer

▲ Abb. 18. Die Zunge ist sehr beweglich und dient der Nahrungsaufnahme. Foto: G. Köhler

▲ Abb. 17. Kopfportrait eines Männchens von *P. vitticeps* (sichtbar ist die Luftröhrenöffnung; s. Pfeil). Foto: D. Oonincx

den. Auf der Mitte der Oberseite des Kopfes kann man eine vergrößerte Schuppe, das Interparietalschild sehen. In seinem Mittelpunkt befindet sich das Parietalauge, eine Ansammlung von Nerven, die optische Reize an das Gehirn weiterleiten.

Auf der Oberkante des Kiefers sitzen die spitzen Zähne, mit denen sie ihre Beute packen und Pflanzenteile perforieren können. Die Agamen haben im Gegensatz zu uns Menschen keine Mahlzähne, die durch ein Zermahlen oder Zerkauen die Nahrungsteile zerkleinern können, und so schlucken sie alles unzerkaut. Bartagamen haben Lippen, die jedoch nicht muskulös und daher unbeweglich sind. Die sehr bewegliche Zunge ist fleischig und dient neben der Nahrungsaufnahme auch als ein wichtiges Hilfsorgan bei der Duftstoffkontrolle (s. a. S. 40).

Die Farbe und Zeichnung ist eher unscheinbar grau, graubraun, braun oder beige, einige Exemplare weisen jedoch eine kräftige rote oder gelbe Farbe auf. Die Agamen verändern aber bei Wohlgefühl, Aggression, Angst und zur Thermoregulation ihre Farbe.

## Geschlechtsunterschiede

Es ist bei adulten Bartagamen relativ einfach, das Geschlecht zu bestimmen. Die männlichen Tiere haben oft breitere und größere Köpfe und ausgeprägte Hemipenistaschen. Außerdem sind die Femoral- und Präanalporen größer und ausgeprägter, vor allem zur Paarungszeit. Mittels dieser Poren setzen die Bartagamen Duftmarken, die vom Menschen nicht wahrgenommen werden. Man kann das Geschlecht am besten im Vergleich mehrerer gleich großer Tiere bestimmen. Wenn man den Schwanz (vorsichtig!) leicht in Richtung Kopf biegt, kann man bei den Männchen die caudal liegenden Wölbungen des darunter liegenden Hemipenis sehen. Bei adulten Männchen lässt sich auch erkennen, dass die Kloakenöffnung ein wenig größer ist als bei den Weibchen. Bei Jungtieren kann auch von erfahrenen Züchtern nur selten eine eindeutige Geschlechtsdiagnose gegeben werden.

Werden mehrere Männchen zusammen gepflegt, kann es passieren, dass sich die unterlegenen Tiere morphologisch an Weibchen angleichen, um dem Druck der überlegenen Tiere zu entgehen. Bei diesen Tieren kann die Geschlechtsbestimmung schwierig sein. Die Sondierung, die bei Schlangen oft zur Geschlechtsbestimmung eingesetzt wird, ist bei Bartagamen ungeeignet. Die potentiellen Gefahren, die durch eine Endoskopie beim Tierarzt entstehen, rechtfertigen den Einsatz dieser Methode nicht, da das Geschlecht meist mit den herkömmlichen Mitteln bestimmt werden kann. Die Fähigkeit zur Verfärbung des Bartes und der Schwanzspitze ist bei den Männchen stärker ausgebildet, dies ist jedoch kein sicheres Zeichen.

▲ Abb. 19. Männchen von *Pogona vitticeps* mit dunkel gefärbtem Bart. Foto: U. Dost

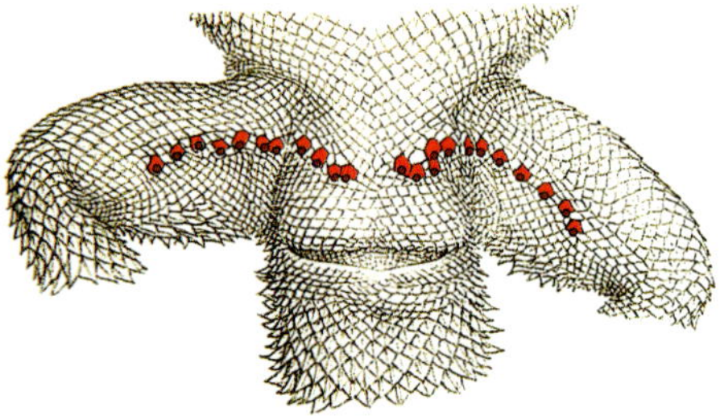

▲ Abb. 20. Die Femoralporen (orange markiert) sind bei den Männchen stärker ausgeprägt als bei den Weibchen.

## ♀ Weibchen

✓keine Wölbungen an der Unterseite der Schwanzbasis sichtbar

✓kleinere Femoralporen als beim Männchen vorhanden

✓kleinere Kloakenöffnung als beim Männchen vorhanden

▲ Abb. 21. Schwanzunterseite eines Weibchens.

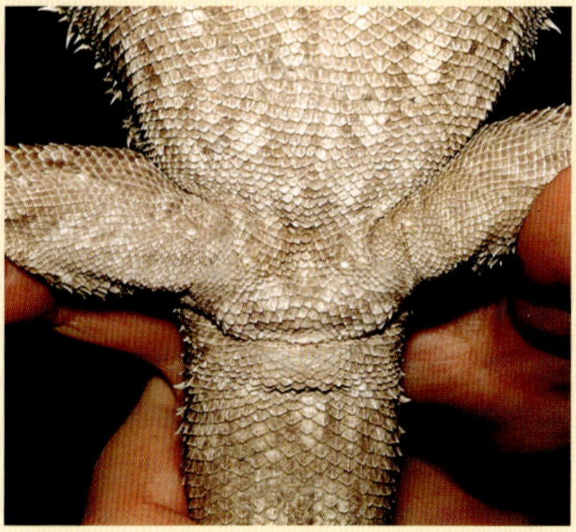

▲ Abb. 22. Femoralporen beim Weibchen.

## ♂ Männchen

✓Wölbungen der Hemipenistaschen an der Unterseite der Schwanzbasis sichtbar

✓größere Femoralporen als beim Weibchen vorhanden

✓größere Kloakenöffnung als beim Weibchen vorhanden

▲ Abb. 23. Schwanzunterseite eines Männchens.

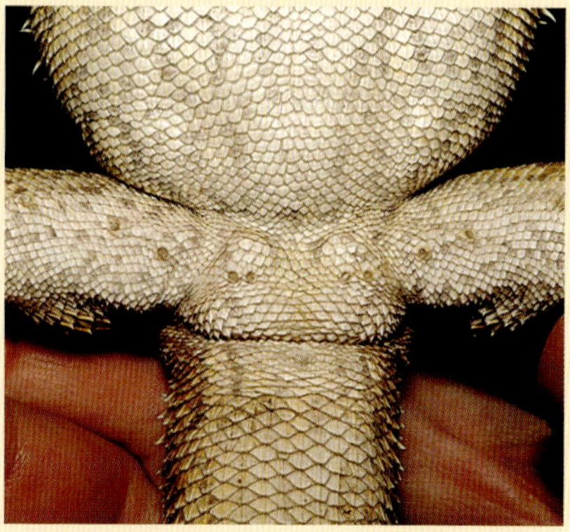

▲ Abb. 24. Femoralporen beim Männchen. Fotos: K. Grießhammer

# Anatomie

Der Schädel von *Pogona vitticeps* ist sehr kompakt und weist von dorsal betrachtet eine nahezu dreieckige Form auf. Die äußeren Nasenöffnungen werden begrenzt von Prämaxillare, Maxillare und Nasale. Die weiteren Knochenelemente der Schädeloberseite sind die Präfrontalia, das Frontale und das Parietale. Zentral in der Naht von Frontale und Parietale befindet sich die Öffnung für das Parietalauge. Die große knöcherne Augenhöhle (Orbita) wird begrenzt durch Präfrontale, Frontale, Postorbitale, Jugale und Lacrimale. Die im Schläfenbereich gelegene Supratemporalhöhle wird begrenzt durch Parietale, Postorbitale und Squamosum.

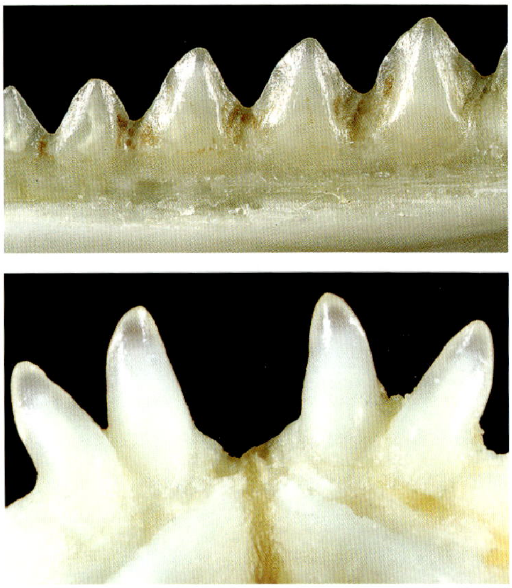

▲ Abb. 25. Zähne von *Pogona vitticeps*. Oben: Die Zähne sitzen auf den Kieferästen (akrodont) und sind zu einer Leiste verwachsen. Unten: Die Zähne an der Spitze des Unterkiefers sitzen einzeln innen am Knochen (pleurodont). Fotos: G. Köhler

Auf der Unterseite des Oberschädels fallen drei große Öffnungen auf, von denen zwei paarig angelegt sind. Zentral befindet sich die unpaare Choanenöffnung, begrenzt durch Pterygoid und Basisphenoid. Seitlich davon sind die großen Subtemporalhöhlen, die von Pterygoid, Ectopterygoid, Jugale, Squamosum, Quadratum und Epipterygoid begrenzt werden. Die inneren Nasenöffnungen werden von Vomer, Palatinum und Maxillare begrenzt. An das Basisphenoid schließt sich das Basioccipitale an, das den einfachen Condylus als Verbindungsgelenk zum ersten Wirbel trägt. Oberhalb des Condylus befindet sich das Foramen magnum. Seitlich und oberhalb wird das Foramen magnum von Exooccipitale und Supraoccipitale begrenzt. Der Unterkiefer wird gebildet (von vorn nach hinten) von Dentale, Coronoid (mit Coronoidfortsatz), Angulare, Supraangulare und Articulare (mit Retroarticularfortsatz). Die Zähne an der Spitze des Unterkiefers sind etwas vergrößert und weisen eine pleurodonte Zahnstellung auf, während die übrigen Zähne auf den Kieferästen sitzen (akrodonte Stellung) und zu einer Leiste verwachsen sind. Das Zungenbein wird gebildet aus dem

# Der Schädel einer Bartagame

## Seitenansicht

Abb. 26.

## Ansicht von oben

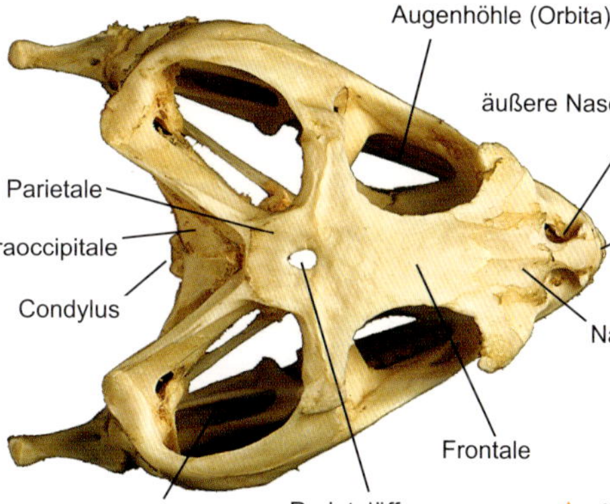


Abb. 27.

## Ansicht von unten

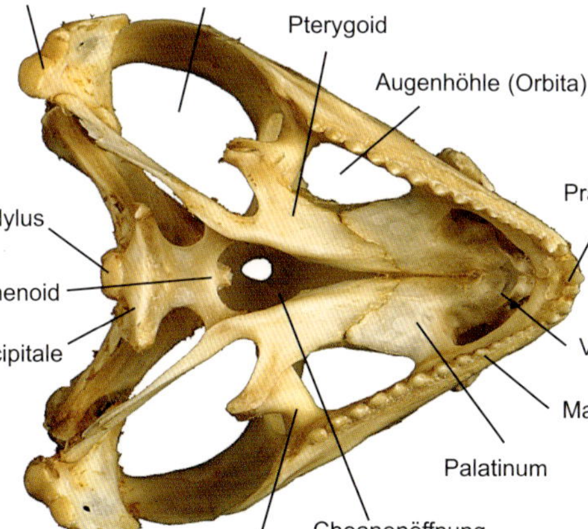


Abb. 28.

## Zungenbein

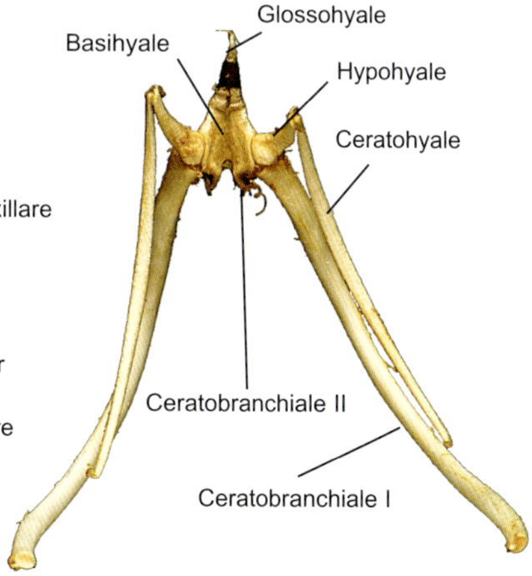


Abb. 29.

Fotos: S. Tränkner

relativ kurzen Basihyale, den Fortsätzen Glossohyale (unpaar, zur Zunge hin) und Hypohyale (paarig) sowie den paarigen Spangen Ceratohyale, Ceratobranchiale I und Ceratobranchiale II. An der Spitze des Ceratobranchiale I sitzt das Epibranchiale I.

Bezüglich der Schädelmorphologie bestehen artspezifische Unterschiede innerhalb der Gattung *Pogona*. So fehlen bei *P. barbata* und *P. nullarbor* die Ceratobranchialia II. Bei *P. barbata* ist der hintere Rand des Jugale deutlich konkav, während er bei *P. vitticeps* gerade verläuft. Auch bezüglich des Hinterrandes des Frontale bestehen bei diesen Arten Unterschiede (gerader Verlauf bei *P. barbata*, konvex bei *P. vitticeps*) (BADHAM 1976). Mund- und Rachenhöhle, Speiseröhre und Magen bilden den vorderen, der Dünndarm den mittleren und der Dickdarm (Colon und Rektum) sowie die Kloake den hinteren Abschnitt des Verdauungstraktes. Als Anhangsorgane des Verdauungstraktes sind insbesondere die Leber und die Bauchspeicheldrüse zu nennen. Die Speiseröhre (Ösophagus) beginnt hinter der Luftröhrenöffnung (Glottis) und ist verhältnismäßig lang. Sie weist Längsfalten auf, die notwendig sind, um eine entsprechende Dehnung beim Durchtritt von Nahrungsbestandteilen zu ermöglichen. Die Speiseröhre verläuft dorsal von der Leber und mündet schließlich in den Magen. Der vordere (kardiale) Teil des Magens ist erweitert, weist noch wesentlich stärker ausgebildete Längsfalten als die Speiseröhre auf und befindet sich auf der linken Körperseite. Dorsal des Magens liegt die längliche Milz, die je nach Blutfülle eine blau- bis purpurrote Färbung besitzt. In seinem weiteren Verlauf zieht der Magen Richtung rechter Körperseite, wobei ihm die Bauchspeicheldrüse (Pankreas) eng anliegt. Am Magenausgang (Pylorus) befindet sich vor der Einmündung in den Dünndarm ein wallförmiger Ringmuskel. Nahe des Pylorus münden Gallen- und Pankreasgang in den Dünndarm. Der Dünndarm öffnet sich in das mächtig erweiterte Colon. Das Colon verengt sich schließlich zum Rektum, welches in die Kloake mündet. Die Kloake wird in drei Abschnitte unterteilt, und zwar das Coprodaeum, in welches der Enddarm mündet, das Urodaeum mit den Öffnungen der Harn- und Geschlechtsorgane und schließlich das Proctodaeum, welches den hinteren Abschnitt der Kloake bildet. Bartagamen setzen ihre Exkremente (Kot und Harnsäure) über die Kloake ab.

Das Herz der Bartagamen ist dreikammerig, da es nur ein unvollständiges Septum in der Hauptkammer aufweist. Allerdings kontrahiert erst die eine und dann die andere Hälfte der Kammer, was eine funktionelle Trennung mit sich bringt. Bartagamen verfügen über einen Nieren-Pfortader-Kreislauf, so dass das Blut der Hinterextremitäten zunächst durch die Nieren strömt. Die braun- bis schwarzrote Leber beansprucht einen beträchtlichen Teil des vorderen Bauch-

## Die Anatomie einer Bartagame

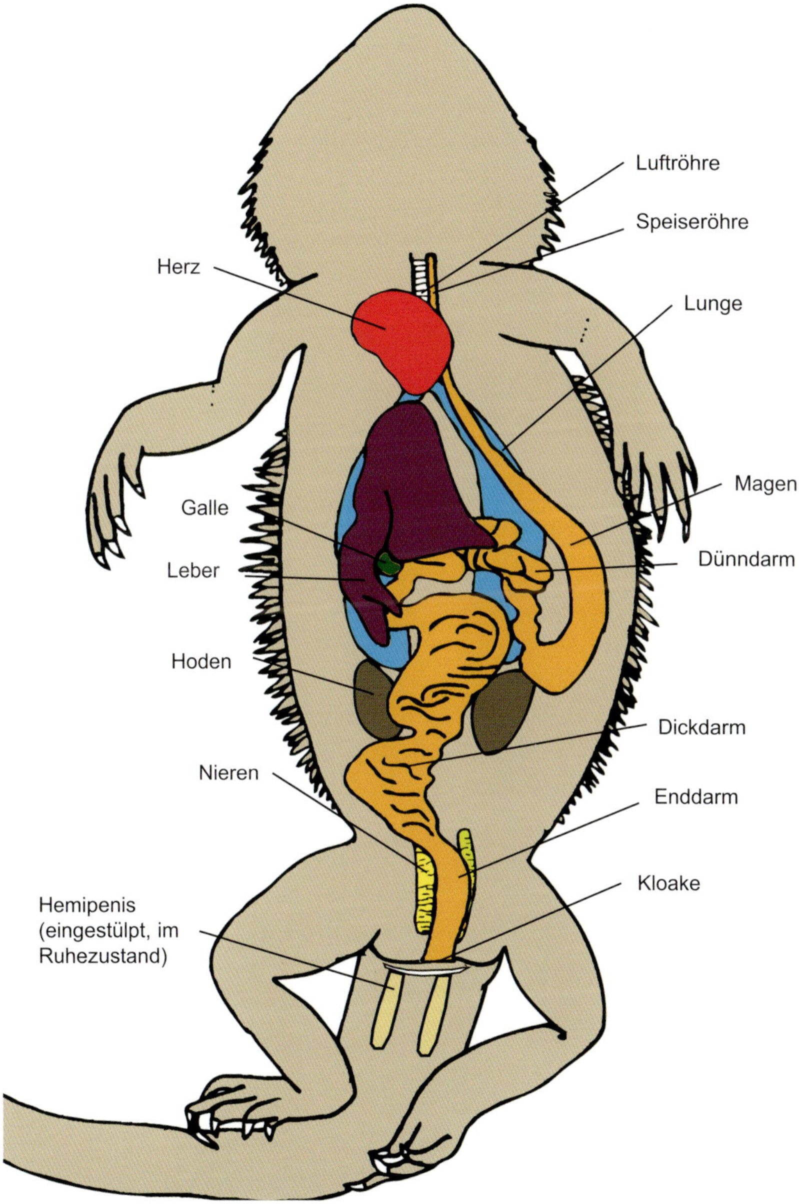


▲ Abb. 30. Anatomie einer männlichen Bartagame. Zeichnung: G. Köhler

raumes. Sie liegt hinter dem Herzen und besitzt einen Dorsal- sowie einen Ventrallappen. Die grüne Gallenblase ist am vorderen Teil des Ventrallappens lokalisiert.

Unmittelbar hinter der Zungenbasis befindet sich die knorpelige Luftröhrenöffnung (Glottis), die während der Atempausen von einem Deckel (Epiglottis) verschlossen wird. Die von Knorpelringen gestützte Luftröhre (Trachea) teilt sich in Höhe des Herzens in die beiden Hauptbronchien, welche je einen Lungenflügel versorgen. Die Lungen liegen dorsal von der Leber im oberen Teil der Leibeshöhle. Der vordere Teil eines jeden Lungenflügels zeigt eine deutliche Kammerung, während der hintere von sackartiger Struktur ist. Die gesamte Leibeshöhle ist von dem stark pigmentierten Peritonaeum ausgekleidet, so dass deren Wände dunkelbraun bis schwarz sind. Die paarigen Nieren sind von braunroter Farbe. Sie haben eine sehr längliche Form und liegen extrem weit hinten in der Leibeshöhle und reichen bis ins Becken (retroperitoneale Lage). Die Harnleiter verlaufen entlang der Ventralfläche der entsprechenden Niere. Die Nebennieren sind klein und liegen dicht bei den Gonaden. Bei der weiblichen Bartagame münden die Harnleiter durch die Harnleiterpapille, die sich dicht hinter der Genitalpapille (Öffnung des Eileiters) befindet, in die Kloake. Beim Männchen münden Harnleiter und Samenleiter gemeinsam durch eine Papille (Urogenitalpapille) in die Kloake. Die Eierstöcke (Ovarien) der weiblichen Agamen befinden sich vor den Nebennieren dorsal seitlich von der Körpermitte etwa am Übergang vom 2. zum 3. Drittel der Leibeshöhle. Die Follikel sind als blasige Gebilde je nach Funktionsstadium des Organs mehr oder weniger deutlich erkennbar. Die im inaktiven Zustand flachen Eileiter (Ovidukte) verlaufen seitlich von jedem Eierstock nach hinten zur Kloake.

Die rundlichen Hoden befinden sich bei der männlichen Bartagame an der gleichen Stelle wie die Eierstöcke der Weibchen. Ihre Größe unterliegt wie die der Ovarien zyklischen Veränderungen. Der schlauchförmige Nebenhoden (Epididymis) befindet sich seitlich vom Hoden und mündet in den Samenleiter, welcher über die Ventralfläche der entsprechenden Niere bis hin zur Kloake verläuft. Die männlichen Bartagamen besitzen ein paariges Kopulationsorgan (Hemipenes, Einzahl: Hemipenis), das allerdings keine direkte Verbindung mit den Samenleitern aufweist. Vielmehr besitzt jeder Hemipenis auf der Ventralseite eine Rinne (Sulcus spermaticus), über welche die Spermien in die weibliche Kloake gelangen. Die Hemipenes liegen an der Unterseite der Schwanzwurzel und können durch die hintere Kloakenwand wie Handschuhfinger nach außen aus- und umgestülpt werden. Bei der Paarung wird stets nur der dem Weibchen zugewandte Teil in dessen Kloake eingeführt.

# Name und Systematik

▲ Abb. 31 Portrait einer männlichen *Pogona vitticeps*. Foto: K. Grießhammer

Der Gattungsname *Pogona* ist von dem griechischen Wort pogon (Bart) abgeleitet. Im Englischen werden die Tiere "Bearded Dragons" genannt. Bartagamen zählen innerhalb der Echsen (Unterordnung Sauria) zu den Agamen (Familie Agamidae). Die Systematik der australischen Agamen ist noch immer Gegenstand kontroverser Diskussion. Für fast ein Jahrhundert war die von BOULENGER (1885) vorgeschlagene Agamen-Taxonomie allgemein anerkannt. Die Gattung *Amphibolurus* WAGLER 1830 diente dabei als "Sammeltopf" für alle australischen Agamen ohne auffällige morphologische Merkmale. HOUSTON (1978) synonymisierte *Lophognathus* mit *Amphibolurus*, eine Entscheidung die von STORR (1982) unterstützt wurde, obwohl letzterer zu-

▲ Abb. 32. Zeichnung einer *Pogona barbata* aus McCOY (1840).

▲ Abb. 33. Zur Gattung *Pogona* zählen sieben Arten (hier: *Pogona vitticeps*). Foto: K. Kepper

dem vorschlug, für die kombinierte Gattung den lang vergessenen Namen *Gemmatophora* wiederzubeleben. WITTEN (1985) separierte *Lophognathus* wieder von *Amphibolurus*, was aber nicht allgemein anerkannt wurde (GREER 1989). Bis 1982 gehörten die Bartagamen zur Gattung *Amphibolurus*. STORR (1982) fasste dann die Arten der *barbatus*-Gruppe in der von ihm neu geschaffenen Gattung *Pogona* zusammen. Die ehemals artenreiche Gattung *Amphibolurus* mit fast vierzig Spezies wurde durch die Revisionsarbeiten von STORR (1982) in mehrere Gattungen (*Ctenophorus*, *Gemmatophora*, *Pogona* und *Tympanocryptis*) aufgespalten. Die Verwendung des Namens *Gemmatophora* hat sich nicht allgemein durchgesetzt und COGGER (1986, 2000) erkennt stattdessen für die nach STORR (1982) darin enthaltenen Arten zwei Gattungen an, *Amphibolurus* und *Lophognatus*. Zur näheren Verwandtschaft der Bartagamen zählen nach heutigem Stand die Arten der Gattungen *Amphibolurus*, *Caimanops*, *Chlamydosaurus*, *Ctenophorus*, *Diporiphora* und *Tympanocryptis* (STORR 1982, WITTEN 1993, MACEY et al. 2000). Die Arten der Gattung *Pogona* sind charakterisiert durch eine durchschnittliche Anzahl von 24 Präsacralwirbeln (Wirbel vor dem Beckenbereich), verlängerte erste Ceratobranchialspangen (Teil des Zungenbeins; vgl. S. 17) und zwei oder mehr Schuppen zwischen den Präanofemoralporen (GREER 1989).

Die stammesgeschichtlichen Beziehungen innerhalb der Gattung *Pogona* sind noch weitgehend unklar. *Pogona barbata*, *P. henrylawsoni* und *P. minor* haben oftmals eine leuchtend gelbe oder gelborangene Mundschleimhaut, die bei den übrigen Arten meist nicht ausgeprägt ist (GREER 1989). *Pogona barbata* und *P. nullarbor* haben gemeinsam, dass ihnen die beiden zweiten (mittleren) Ceratobranchialspangen des Zungenbeinapparates fehlen (BADHAM 1976).

▲ Abb. 34. *Pogona henrylawsoni* im Terrarium. Foto: G. Köhler

Noch immer gibt es innerhalb der Gattung *Pogona* je nach Autor unterschiedliche Auffassungen zur Wertigkeit einiger nomineller Arten. Wir folgen weitgehend der von STORR (1982) und WITTEN (1994a) vorgeschlagenen Taxonomie, erkennen aber *P. mitchelli* als eigenständige Art an, da sie morphologisch deutlich differenziert ist. Die Inselform *minima* fassen wir als Unterart von *P. minor* auf, da die dokumentierten Unterschiede zwischen *minor* und *minima* nur gering sind und die Variationsbreiten der "diagnostischen" Merkmale sich überlappen. Folglich zählen nach unserer Auffassung sieben Arten zur Gattung *Pogona*: *P. barbata* (CUVIER 1829), *P. henrylawsoni* WELLS & WELLINGTON 1985, *P. microlepidota* (GLAUERT 1952), *P. minor* (STERNFELD 1919), *P. mitchelli* (BADHAM 1976), *P. nullarbor* (BADHAM 1976) und *P. vitticeps* (AHL 1926).

▶ Abb. 35. Weibchen *von Pogona mitchelli.* Foto: G. Köhler

# Freiland

Abb. 36. *Pogona vitticeps* im natürlichen Lebensraum. Foto: U. Schuster

# Verbreitung

Die Arten der Gattung *Pogona* leben endemisch auf dem kleinsten Kontinent der Erde – Australien. Dort besiedeln die Bartagamen ein großes Verbreitungsgebiet, das praktisch alle Trockengebiete umfasst. Diese Echsen fehlen nur in den feuchteren Regionen Australiens (dem äußersten Norden, dem Südosten und Südwesten sowie auf der Insel Tasmanien). Wie Funde belegen, waren Bartagamen früher (vor 16.000–10.000 Jahren) auch auf Kangaroo Island vorhanden, wo sie heute aber ausgestorben sind.

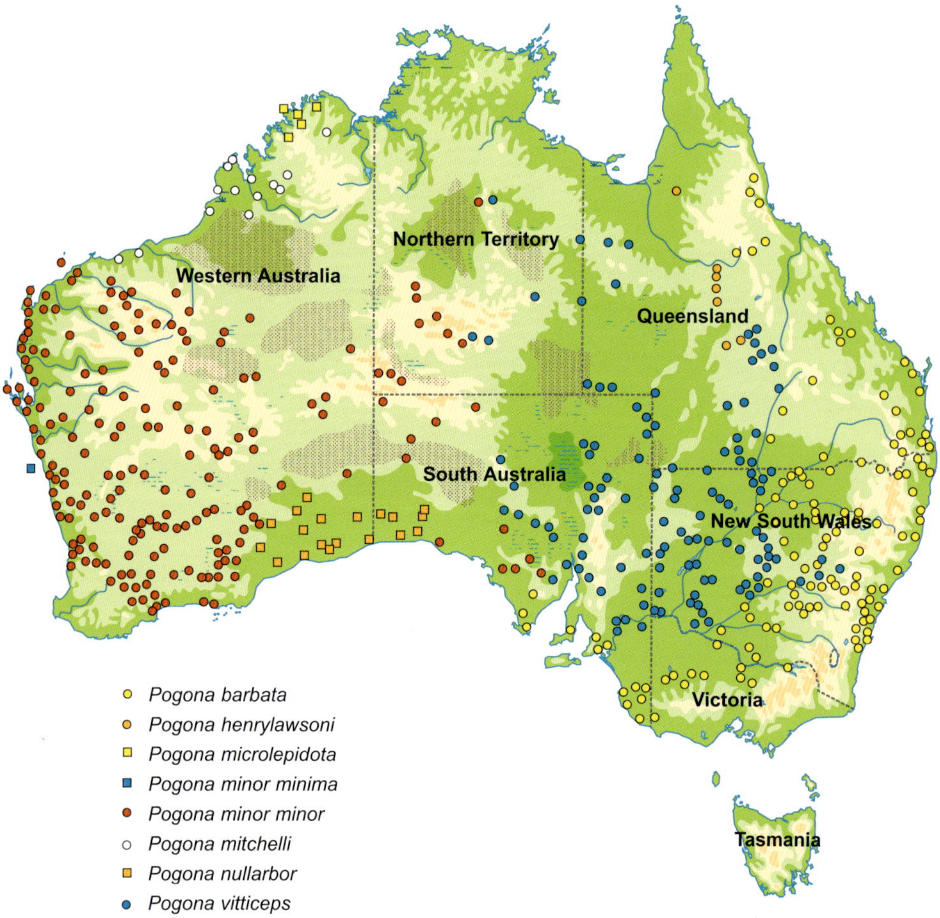


▲ Abb. 37. Die Verbreitung der Bartagamen (nach Badham 1976, Storr 1982, Witten 1994a).

# Lebensraum und Lebensweise

Bartagamen werden in Halbwüsten, Steppen, Baumsteppen, lichten Trockenwäldern und auch in trockenfeuchten Biotopen angetroffen. In manchen Gebieten sind sie recht häufig zu finden, aber man muss schon ein geübtes Auge haben, um die Bartagamen auch zu entdecken. Vor allem, wenn sie gut getarnt im Gestrüpp oder an Bäumen sitzen, ist

▲ Abb. 38. Lebensraum von *Pogona minor* (Warmun, West-Australien). Foto: B. Eidenmüller

▶ Abb. 39. *Pogona vitticeps* im natürlichen Lebensraum (NSW). Foto: M. Decker

▲ Abb. 40. Gut getarnt: *Pogona vitticeps* (s. unten rechts im Bild) in offener Baumsteppe in New South Wales. Foto: M. Decker

es oft sehr schwer, die Tiere auszumachen. Die angepasste Färbung und die Stachelschuppen tragen dazu bei, dass die Konturen der Echsen aufgelöst werden.

Je nach Tages- und Jahreszeit sitzen sie auch oft auf den asphaltierten Straßen, um sich aufzuwärmen. Meist kann man die Echsen schon von weitem sehen, da sie sich durch ihre Färbung von der schwarzen Fahrbahn deutlich abheben. Solange das Auto fährt, bleiben die Bartagamen oft ruhig sitzen. Jedes Jahr werden sie zu Tausenden auf Australiens Straßen überfahren. Manche Tiere rennen mit nach oben gebogenem Schwanz

▲ Abb. 43. Bartagamen halten sich gerne auf warmem Asphalt auf. Foto: B. Eidenmüller

▲ ▶ Abb. 41und 42. Australiens Straßen (hier in New South Wales) sind gefährlich für Bartagamen. Fotos: M. Decker

davon, sobald das Auto anhält, während sich andere auf ihre Tarnung verlassen und ruhig sitzen bleiben.

Bartagamen sind Einzelgänger. Die Territorien der einzelnen Individuen liegen aber dicht beieinander. Die Männchen besetzen ein mehrere Quadratmeter großes Territorium, an dessen Peripherie sich die weiblichen Tiere aufhalten, um sich in der Paarungszeit begatten zu lassen. Dabei sind die Weibchen durchaus aktiv, um das dominante Männchen auf sich aufmerksam zu machen. Die männlichen Tiere fallen natürlich durch ihr Imponiergehabe schon eher auf, da sie,

▲ Abb. 45. *Pogona vitticeps* auf ihrem Aussichtsplatz (Coober Pedy, Süd-Australien). Foto: B. Eidenmüller

▼ Abb. 44. Bartagamen sind Einzelgänger (*Pogona vitticeps*, New South Wales). Foto: M. Decker

▲ Abb. 46. Schon von weitem sieht man die Bartagamen auf ihren Aussichtsplätzen sitzen (*Pogona vitticeps,* Broken Hill, NSW, Australien). Foto: M. Decker

▲ Abb. 47. Bartagamen sitzen gerne erhöht, so dass sie einen guten Überblick haben (*Pogona vitticeps,* Alice springs, Northern Territory). Foto: B. Eidenmüller

▲ Abb. 48. *Pogona mitchelli* (Purnululu National Park, West-Australien). Foto: B. Eidenmüller

▲ Abb. 49. *Pogona vitticeps* (Oodnadatta, Süd-Australien). Foto: B. Eidenmüller

um ihr Territorium überblicken zu können, meist erhöht, zum Beispiel auf großen Steinen, Baumstümpfen, an borkigen Baumstämmen oder auf Termitenhügeln sitzen und häufig nicken. In besiedelten und landwirtschaftlich genutzten Gebieten findet man Bartagamen sogar an Telegrafenmasten und auf Zaunpfählen. Bei Gefahr lassen sich die Tiere oft auf den Boden fallen und verschwinden rasch im hohen Gras oder Gestrüpp. Manchmal bewegen sie sich vom Eindringling weg auf die Rückseite eines Baumstammes und vertrauen vollkommen auf ihre Tarnung. Nie sieht man Bartagamen an glatten Eukalyptusbäumen sitzen.

▲ Abb. 50. *Pogona mitchelli* (Turkey Creek, Western Australia). Foto: B. Eidenmüller

▲ Abb. 51. Felsiges Halbwüstenbiotop: *Pogona vitticeps* beim Sonnen (New South Wales, Nähe Broken Hill, Australien). Foto: M. Decker

◀ Abb. 52. Bartagame beim Sonnen auf einem Zaunpfahl (*Pogona vitticeps,* New South Wales, Australien). Foto: M. Decker

Bartagamen sitzen gerne auf erhöhten Aussichtsplätzen.

▲ Abb. 53. Männliche *Pogona henrylawsoni* auf dem Zaunpfahl eines Stacheldrahtzaunes (Nähe von Longreach, Queensland, Australien). Foto: D. Brown

◀ Abb. 54. *Pogona vitticeps* auf einem Baum in 2 m Höhe (New South Wales, Australien). Foto: M. Decker

Die Aktivitäten der Bartagamen unterliegen im natürlichen Lebensraum einem ausgeprägten Jahreszyklus, vor allem abhängig von Niederschlägen, Sonnenscheindauer und Temperaturen. So ist *Pogona barbata* im südwestlichen Queensland von September bis Mai aktiv, während die Tiere die übrigen Monate weitgehend in einer Ruhephase verbringen (Lee & Badham 1963).

Alle Bartagamenarten pflanzen sich eierlegend (ovipar) fort, wobei die Gelege-

▶ Abb. 55. Trächtige *Pogona mitchelli* (Emma Gorge, Kimberleys, West-Australien). Foto: B. Eidenmüller

▼ Abb. 56. Trächtiges Weibchen von *Pogona mitchelli* (Barkly Tableland). Foto: B. Eidenmüller

größe zwischen fünf und 35 Eiern pro Gelege variiert (gelegentlich auch mehr). Während einer Fortpflanzungssaison werden mehrere Gelege produziert, die das Weibchen im Boden vergräbt (meist, nachdem es mehrere Probegrabungen gemacht hat).

Nach einer Inkubationsdauer von 63–96 Tagen (temperaturabhängig) schlüpfen die Jungtiere. Eine besondere Brutpflege existiert nicht. Die Beobachtung, dass ein Weibchen die Eiablagehöhle kurz vor dem Schlupf der Jungtiere aufgegraben hat, um dem Nachwuchs so das Herausgraben zu erleichtern (SMITH 1974), ist bisher von keiner anderen Seite bestätigt worden und zumindest fraglich (GREER 1989).

▲ Abb. 57. Schlüpfende Bartagamen verlassen ihr Nest. Nach dem anstrengenden Schlupfakt müssen die Jungtiere sich noch nach oben graben. Zeichnung verändert nach PLANT / WEIGEL (in WITTEN 1993).

◀ Abb. 58. Frisch geschlüpfte Bartagamen (hier: *Pogona vitticeps*) sind in ihrem natürlichen Lebensraum vielen Gefahren ausgesetzt (Quilbie, NSW). Foto: B. Eidenmüller

## Auf Bartagamensuche in Australien

**Reisebericht von K. Grießhammer**

„*Pogona henrylawsoni* zu finden, ist gar kein Problem!“, sagte mir jeder, bei dem ich mich vor meiner Reise nach Australien darüber erkundigte, wie und wo man die „Zwergbartagamen“ aufspüren könne. Und so machte ich mich im frühen März 2007 frohen Mutes, mit einem Touristenvisum, der Backpacker–Basisausrüstung, einem Schlangenhaken und reichlich Bestimmungsbüchern auf den langen Flug nach Brisbane, um von dort mit einem Mietwagen in das Hinterland zu fahren. Zwischen Longreach und Winton sollte es am einfachsten sein: Das flache Grasland, durchsetzt mit Weideland für Rinder, war gut zu überblicken und auf den wenigen Erhöhungen, wie auf Steinen, einzelnen Sträuchern und Zaunpfählen, sollten die Bartagamen sogar vom Auto aus zu erspähen sein. In Winton, einer Stadt, in der es wenig mehr gibt als einen kleinen Supermarkt, bezog ich mein Quartier.

Mit den ersten Sonnenstrahlen begann meine Suche. Zunächst ist es wichtig, bestimmte Vorsichtsmaßnahmen zu treffen. Man sollte immer ausreichend Wasser mitführen (ich hatte täglich 6 Liter Wasser dabei), einen Hut mit breiter Krempe tragen, geeigneten Sonnenschutzfaktor auftragen und hohe und feste Schuhe tragen, um im kniehohen Gras einen Schutz vor Begegnungen mit Gifttieren zu haben. Zusätzlich sollte man jemanden – zum Beispiel den Hotelrezeptionisten – über die Tagesroute informieren, das Auto vor der Abfahrt gründlich checken und stets voll tanken und man sollte sich nicht außerhalb der Sichtweite des Autos bewegen. Auf der Fahrt sollte man sich darauf einstellen, manchmal über Stunden keinen Gegenverkehr zu sehen. Und so fuhr ich los, bis ich mir geeignet erscheinende Stellen gefunden hatte und machte mich mit Feldstecher und Kamera bewaffnet auf die Jagd. Ich stellte mich mit dem Fernglas im Abstand von etwa 30 m bei Steinen, großen

59

Ästen oder Bäumen auf und suchte diese markanten Stellen systematisch aus der Ferne ab. Außerdem drehte ich mit einem Schlangenhaken Steine und Müll um. Ich war durchaus erfolgreich und entdeckte viele Reptilien: Ich stöberte Schlangen auf, darunter auch einige Giftschlangen, fand Geckos, Schleichen, Blauzungenskinke, Tannenzapfenechsen, Gouldswarane und einige andere Tiere. Und wieder andere Tiere fanden mich, beispielsweise die Buschfliegen. Diese fliegen einen an, landen irgendwo auf dem Oberkörper und warten dann auf einen geeigneten Moment um in Mund, Nase, Augen oder Ohren zu fliegen. Sie sind harmlos, aber derart nervend, dass ich ab dem zweiten Tag mit einem imkernetzartigen Kopfschutz durch das Grasland stapfte. Ich sammelte viele Eindrücke zum Lebensraum der Bartagamen, konnte Insekten und Pflanzen finden, die den Bartagamen als Futter dienen könnten. Nur eine Begegnung blieb aus: Die Bartagamen wollten sich einfach nicht zeigen. Am zweiten Tag war es dann soweit: Ich entdeckte etwas durch den Telezoom der Kamera! Eine Echse auf einem vertrockneten Busch. Ich schlich mich an und achtete darauf, die Agame nicht zu vertreiben. Schließlich war ich nah genug um ein gutes Foto zu schießen – um dann zu merken, dass es keineswegs eine

60

Bartagame war. Ich fand eine Taubagame. Und nicht eine sondern eine ganze Menge im Verlauf der nächsten Woche. Der Frust wuchs und ich rief australische Hobbykollegen an und bat sie, mir noch einmal Tipps zu geben wie und wo ich die Agamen finden könne. Diese lachten mich aus und meinten, dass man sie eigentlich gar nicht verfehlen könne! Ich konnte. Über eine ganze Woche suchte ich jede mögliche und unmögliche Stelle ab, bat Farmer um Hilfe – und fand letzten Endes doch keine einzige Bartagame. Reichlich frustriert – wollte ich doch schöne Fotos für dieses Buch schießen – machte ich mich wieder auf den Weg zur Ostküste. An einem meiner letzten Tage war ich auf Wanderschaft in der Nähe von Brisbane und machte es mir auf der Lichtung eines Trockenwaldes gemütlich. Plötzlich raschelte es einige Meter von mir entfernt im Unterholz ...

... Ich vermutete einen kleinen Skink und ließ mich erst einmal nicht von meinem Picknick abbringen. Schließlich wurde ich aber doch neugierig und griff zur Kamera: Vor mir saß eine schöne und kräftige *Pogona barbata* und betrachtete mich neugierig. Wenn es doch nicht die gewünschte Art war, so hatte ich trotzdem endlich meine Chance, ein Bartagamenfoto zu schießen – es soll ja gar kein Problem sein, Bartagamen zu finden!

Abb. 59. Zwischen Longreach und Winton soll man *Pogona henrylawsoni* gar nicht verfehlen können.

Abb. 60. Schnell sammelt man hunderte Fliegen auf dem Körper, die man schwer wieder los wird.

Abb. 61. Durch das Weiden der Rinder entstanden: erosionsgefährdete Böden.

Abb. 62. Endlich eine Zwergbartagame? Von wegen: Es ist eine Taubagame (*Tympanocryptis tetraporophora*).

Abb. 63. Reicht das Benzin?

Abb. 64. Immerhin die richtige Gattung! Eine *Pogona barbata*.

Fotos: K. Grießhammer

# Verhalten

Abb. 65. Jungtiere von *Pogona vitticeps*.
Foto: G. Köhler

# Verhalten

Verglichen mit vielen anderen Echsen haben Bartagamen ein sehr breites Verhaltensrepertoire. Unter Terrarienbedingungen entfalten sie dies aber nur dann vollständig, wenn sie unter guten Bedingungen (Platz, Licht, Klima) und in einer Gruppe von mehreren Artgenossen gehalten werden. Bartagamen sind ausgesprochen visuell orientiert, was durch eine Vielzahl von Verhaltensweisen zum Ausdruck kommt. Sie können Artgenossen, Beute und Fressfeinde über große Distanzen ausmachen. Aufmerksame Bartagamen nehmen oft eine Körperhaltung ein, bei der der Schwanz nach oben gebogen ist, so dass die Spitze in die Luft ragt. Auch der Kopf ist dann angehoben. Damit signalisieren sie, dass sie aktiv und wachsam sind. Bartagamen prüfen häufig mit ihrer fleischigen Zunge ihre Umgebung, wobei vor allem neue Gegenstände, Futter oder auch Artgenossen beleckt werden. Die durch das Züngeln an ihr haften gebliebenen Duftstoffe werden beim Zurückziehen der Zunge zu dem im vorderen Munddach befindlichen Jacobsonschen Organ befördert und dort wahrgenommen.

▲ Abb. 66. Aufmerksame *Pogona minor* beim Durchstreifen ihres Habitats (Carnegie, West-Australien). Foto: B. Eidenmüller

◀ Abb. 67. Bartagame (*Pogona vitticeps)* beim Prüfen der Umgebung mit der Zunge. Foto: K. Grießhammer

▲ Abb. 68. Die Bartagame hat den Beobachter registriert und hebt den Schwanz. Sie ist noch hell gefärbt ... (*Pogona vitticeps* bei Alice Springs). Foto: H.-G. Horn

▲ Abb. 69. ... bei weiterer Annäherung verfärbt sich das Tier dunkel. Foto: H.-G. Horn

▲ Abb. 70. Anstatt zu flüchten, reißt die Bartagame drohend das Maul auf. Foto: H.-G. Horn

Abb. 71. Eine Gruppe junger *Pogona vitticeps* sitzt scheinbar friedlich zusammen. Das ranghöchste Tier wird jedoch jeden Moment die anderen vom besten Aussichtsplatz vertreiben. Foto: U. Dost

## Kommunikation

Bartagamen geben außer seltenem Fauchen keine Geräusche von sich, und das unbewegliche Gesicht verhindert jegliche Mimik. Bei der innerartlichen Verständigung spielt die Körpersprache (Kopfnicken, Armwinken, Schwanzanheben, Maulaufreißen etc.) eine wesentliche Rolle.

### Soziale Hierarchie

Schon bald etabliert sich eine soziale Hierarchie in einer Bartagamengruppe. Bei mehreren Jungtieren in einem Terrarium zeichnet sich nach wenigen Tagen ab, welche Tiere dominant und welche zurückhaltender und weniger aggressiv sind. Vor allem bei der Futteraufnahme sind die dominanteren Individuen die gierigeren und aggressiveren Fresser, die den schwächeren Agamen das Futter wegschnappen und sie durch Drohgebärden einschüchtern. Die Folge ist, dass der Größenunterschied zwischen dominanten und unterdrückten Tieren immer größer wird. Im Terrarium nehmen sich die dominanten Tiere meist einige Privilegien heraus, wie beispielsweise den besten Sonnenplatz, als Erste zu trinken, zu fressen oder zu baden. Das ranghöchste Tier besetzt den besten Sonnen- bzw. Aussichtsplatz, meist den am höchsten gelegenen Platz im Behälter, von wo aus es das ganze Terrarium kontrollieren kann. Das Kopfnicken ist eine der häufigsten Verhaltensweisen, um Dominanz auszudrücken. Nicht nur in der Paarungszeit wird dieses Verhalten durch Aufstampfen mit den Vorderfüßen, dem Schwarzfärben der Kehle und der Schwanzspitze unterstützt. Reagiert der Empfänger nicht im gewünschten Maße, wird er angegriffen und schließlich auch gebissen.

In freier Wildbahn würden sich die unterlegenen Individuen aus dem Einflussbereich des dominanten Tieres entfernen, im Terrarium muss der Pfleger die Tiere trennen, um Verletzungen oder gar Verluste zu vermeiden. Wenn man das ranghöchste Tier, das auch als Alphatier bezeichnet wird, aus der Gruppe nimmt, übernimmt innerhalb kürzester Zeit das bisher zweitstärkste Tier die Dominanzfunktion, so dass bald das gleiche Problem wieder besteht. Die unterdrückten Tiere gehen nicht nur schlechter ans Futter, sie sind auch gefährdet durch die dominanten Agamen, die ihnen unter Umständen Zehen und Schwanzspitze oder gar ein ganzes Bein abbeißen können. Ist der Größenunterschied beachtlich, kommt sogar Kannibalismus vor. In der Welt der Bartagamen sind die ersten Lebensmonate ein gnadenloser Wettlauf, um möglichst viel Futter aufzunehmen und rasch zu wachsen.

## Drohverhalten

Bartagamen können nicht nur ihre Gestalt, sondern auch ihre Färbung auffällig ändern. Die Stacheln des "Bartes" können von hellgelb nach blauschwarz umgefärbt werden. Zum Drohverhalten zählt das namensgebende Aufstellen des "Bartes" (radiäres Spreizen der Kehlhaut mit Aufstellen der Stachelschup-

▶ Abb. 72. Rötliche *Pogona vitticeps* mit aufgestellter Kehle in Alice Springs. Foto: B. Eidenmüller

▼ Abb. 73. Drohgebärde eines Männchens von *Pogona henrylawsoni* im Terrarium. Foto: B. Lang

▲ Abb. 74. Drohendes Männchen von *Pogona barbata* (Woodgate). Foto: B. Eidenmüller

▲ Abb. 75. Abwehrverhalten einer *P. vitticeps* als Reaktion auf die Bedrohung durch eine Schlange (*Aspidites melanocephalus*). Zeichnung verändert nach Plant / Stammer (in Witten 1993).

pen; bei adulten Männchen voll ausgebildet) bei aufgerissenem Maul, wobei bei manchen Exemplaren die gelbe Mundschleimhaut einen lebhaften Kontrast zu der dunklen Schuppenfärbung bildet. Dabei wird nicht nur die mit Stachelschuppen besetzte Kehlhaut, sondern auch die ebenfalls sehr stachelige Mundwinkelregion mit Hilfe des Zungenbeins in extremer Weise gespreizt (MERTENS 1946, KÄSTLE 1973). Dabei rotieren die ersten Ceratobranchialspangen nach unten und außen (THROCKMORTON et al. 1985). Durch die Spreizung kommt die schwarze Schuppenzwischenhaut besonders zur Geltung.

▲ Abb. 76. Drohende *Pogona vitticeps* (New South Wales). Foto: M. Decker

▲ Abb. 77. Drohgebärde eines Männchens von *Pogona vitticeps* mit aufgestelltem Bart im Freilandterrarium. Foto: G. Köhler

▲ Abb. 78. Um größer zu wirken, wird der Körper abgeflacht und schräg gestellt. Dabei wird das Maul drohend geöffnet und gefaucht. Foto: B. Eidenmüller

▲ Abb. 79. Zwei Männchen von *Pogona vitticeps* beim Imponiergehabe (Barkly Tableland, NT). Foto: B. Eidenmüller

Unter Terrarienbedingungen gewöhnen sich die adulten Agamen bald an den Pfleger und lassen sich nur noch ausnahmsweise dazu provozieren, dieses Drohverhalten zu zeigen. Wenn sich eine Bartagame allerdings erschreckt und von etwas bedroht fühlt (z.B. durch das plötzliche Auftauchen eines Hundes), kann sie jederzeit mit aufgestelltem Bart und aufgerissenem Maul reagieren.

In die Enge getrieben, beginnen vor allem die beiden großen Arten (*P. barbata* und *P. vitticeps*), das ganze Repertoire ihres Imponiergehabes zu zeigen. Sie richten den "Bart" auf, das Maul mit kräftig gefärbten Schleimhäuten wird drohend geöffnet und dabei gefaucht, der Rumpf wird abgeflacht und schräg gestellt, die Stachelschuppen werden präsentiert und mit dem Schwanz geschlagen. Manchmal wird der "Feind" sogar angesprungen und gebissen.

## Balz- und Territorialrituale

Wenn die Tiere die Geschlechtsreife erreichen, kommen Verhaltensweisen zum Ausdruck, die mit der Fortpflanzung im Zusammenhang stehen. Dazu zählen Balz- und Territorialrituale. Das Alphamännchen kontrolliert sein Territorium und duldet darin keine weiteren Männchen. Weibchen werden toleriert und während der Paarungszeit angebalzt. Begegnen sich zwei adulte Männchen, so entfalten sie meist ihr ritualisiertes Territorialverhalten (Carpenter et al. 1970, Zimmermann 1980). Wenn keines der Männchen die Flucht ergreift und auch keines der beiden die Beschwichtigungsgebärde (Ärmchendre-

▼ Abb. 80-82. Zwei Männchen von *Pogona vitticeps* beim Territorialkampf im Terrarium. Fotos: U. Dost

▲ Abb. 83. Zwei junge Männchen von *Pogona vitticeps* beim Territorialkampf. Foto: N. Smyrek

▲ Abb. 84. Hier zeigt ein Weibchen eine Beschwichtigungsgeste. Foto: N. Smyrek

◀ Abb. 85. Zwei Weibchen beim Streiten (*Pogona vitticeps*). Foto: N. Smyrek

hen) zeigt, färben die Tiere die Kehlregion schwarz und spreizen ihre Kehlhaut. Dabei nicken sie heftig mit dem Kopf, manchmal auch mit dem Vorderkörper (mit leichtem Strecken und Beugen der Vorderbeine; "Liegestützbewegungen"). Die Körper werden abgeflacht und einander seitwärts zugewandt, um möglichst groß zu erscheinen. Dann umkreisen sich die beiden Kontrahenten und richten die Körperseiten zueinander aus, wobei sie versuchen, den Rivalen in die Stachelschuppen an Hals und Körper zu beißen (wo die Tiere vor Verletzungen gut geschützt sind). Wenn es ein Tier geschafft hat, einen festen Haltebiss beim Gegner zu setzen, versucht das dominante Tier oftmals, seinen Körper in ruckartigen Bewegungen auf den des Rivalen zu schieben. Das unterlegene Tier bleibt als Geste der Unterwerfung bewegungslos auf dem Boden liegen oder versucht, sich frei zu schlängeln und wegzulaufen, wobei es oftmals das festgebissene dominante Tier noch ein Stück mitschleift, bevor die Tiere sich trennen (CARPENTER et al. 1970). Echte Beschädigungskämpfe sind selten, vorausgesetzt, das unterlegene Tier kann sich aus dem Einflussbereich des dominanten Männchens entfernen. Durch diese ritualisierten Kraftproben bewähren sich die größten, stärksten und aktivsten Männchen, die so ein Territorium aufrechterhalten und Zugang zu den empfänglichen Weibchen haben. Ein Abdunkeln der Kehlregion, Schulterflecken und Schwanzspitze wird meist beim Alpha-Männchen beobachtet (Carpenter et al. 1970).

Zum Balzverhalten (vgl. a. S. 142ff) der Männchen zählt Kopfnicken, das in Richtung des Weibchens ausgeführt wird. Das Weibchen kann das weitere Paarungsverhalten des Männchens provozieren, indem es passiv und ruhig sitzen bleibt bzw. den Schwanz leicht anhebt (Brattstrom 1971, Zimmermann 1980). Das Männchen setzt seinen Paarungsbiss im Nacken oder der seitlichen Halsregion des Weibchens und es kommt zur Paarung.

▲ Abb. 86. Paarungsverhalten bei zwei Weibchen! Foto: N. Smyrek

▲ Abb. 87. Das Männchen setzt den Paarungsbiss beim Weibchen. Foto: U. Dost

## Demuts- und Beschwichtigungsgesten

Weibchen und unterlegene Männchen verfügen über einige Verhaltensweisen, die dominante Tiere beruhigen sollen. Klassische Demuts- und Beschwichtigungsgesten sind beispielsweise das langsame Nicken mit dem Kopf und Oberkörper in der Art einer Verbeugung, sowie das Drehen und Winken mit den Vorderbeinen. Hierbei wird der Arm im Schultergelenk entlang der Körperachse gedreht (vgl. auch Kapitel "Paarung" S. 142f).

▲ Abb. 88. Beschwichtigungsgeste eines Jungtieres. Foto: N. Smyrek

Eine typische Form der Kommunikation bei Bartagamen könnte also folgende Szene sein: Ein Männchen sitzt auf einem Kletterast und nickt in schneller Folge mit dem Kopf. Dies würde soviel bedeuten wie: “Ich bin hier der Chef, das ist mein Revier”, ein Weibchen in Sichtweite könnte jetzt mit Verbeugungen und Winken antworten, mit der Aussage: “Ich weiß das und ich akzeptiere deinen Status.” Eine weitere Unterwerfungsgeste ist es, sich flach auf den Boden zu drücken. Gelegentlich können auch Weibchen die dominante Rolle übernehmen.

▲ Abb. 89. *Pogona vitticeps* bei der Kommunikation (“Winken”). Foto: N. Smyrek

◀ Abb. 90. Filmsequenz vom Ärmchendrehen aus dem Videofilm “Bartagamen im Terrarium”. Fotos: U. Dreutler

| | Verhaltensweise | Kontext | Funktion / Deutung |
|---|---|---|---|
| | Nicken | Begegnung mit Rangniederen | Demonstration von Überlegenheit / Dominanz |
| | Umfärben, Bartspreizen, Schrägstellen, Abflachen, Nicken | Revierverteidigung, Rangkonflikte | Demonstration von Verteidigungs-bereitschaft / Drohimponieren |
| | Schwanzschlagen | Revierverteidigung, Rangkonflikte | Verbesserung, bzw. Verteidigung der sozialen Position / Kampf |
| | Ärmchendrehen | Begegnung mit Ranghöheren | Hemmung der Angriffsbereitschaft Ranghöherer / Beschwichtigung |
| a | Ducken | vor oder nach Kämpfen, Weibchen vor Paarung | Hemmung der Angriffs-bereitschaft des Über-legenen / Demut |
| | Augen schließen | Bedrohung | Ablehnungsgeste |
| | Umfärben, Bartspreizen, Maulöffnen, Schwanzschlagen, Zubeißen | Bedrohung | Verteidigung, Feindabwehr |
| b | Nicken, Nackenbiss, Ducken, Schwanz anheben | Paarung | Fortpflanzung / Paarungsvorspiel |
| c | Belecken der Nacken- oder Rückenregion | Soziale Interaktion | Identifizierung von Artgenossen, Erkennen |

▲ Abb. 91-93. Verschiedene Verhaltensweisen von Bartagamen (verändert n. ZIMMERMANN 1980).

## Thermoregulation

Bartagamen sind poikilotherm, also wechselwarm. Sie sind nicht wie Säugetiere in der Lage, die für ihren Stoffwechsel notwendige Körpertemperatur selbst zu produzieren. Die Sonne ist einer der bestimmenden Faktoren im Tages- und Jahresrhythmus der Bartagamen. Die Tiere benötigen für ihre Aktivitäten und den Stoffwechsel bestimmte Temperaturen und Helligkeitswerte. Bartagamen, die in Australien vor allem Trockengebiete bewohnen, haben Strategien entwickelt, um Wasser zu sparen und dem Hitzetod zu entgehen.

Durch die hohe Sonneneinstrahlung werden im natürlichen Lebensraum der Bartagamen Lufttemperaturen von deutlich über 40 °C und lokal Oberflächentemperaturen von bis zu 70 °C erreicht, Temperaturen, die praktisch für jedes Tier innerhalb kurzer Zeit tödlich sind. Nur mit Hilfe geeigneter Thermoregulation können Bartagamen ihre Körpertemperatur in einem für sie physiologischen Bereich halten und so in diesen lebensfeindlich anmutenden Lebensräumen überleben. Freilebende Bartagamen (*Pogona barbata*) halten ihre Körpertemperatur im recht engen Bereich von 30–40 °C (Mittelwert je nach Studie 34,6–35,5 °C), weitgehend unabhängig von der sie umgebenden Luft- und Substrattemperatur (LEE & BADHAM 1963, PIANKA 1986, GREER 1989). Bartagamen sind nicht den ganzen Tag über in der prallen Hitze aktiv;

▼ Abb. 94-95. Ein junges Männchen von *Pogona vitticeps* dreht sich so in Position, ...

... dass es möglichst viele Sonnenstrahlen abbekommt. Fotos: R.D. Bartlett

▲ Abb. 96. Bevor die Bartagame aufgewärmt ist, ist sie noch dunkel gefärbt. Foto: U. Dost

vielmehr haben sie Aktivitätsschwerpunkte und wechseln je nach Bedarf zwischen sonnigen und schattigen Plätzen.

Bei Tagesbeginn bewegen sich die Agamen noch langsam (ihre Körpertemperatur entspricht in etwa der Umgebungstemperatur). Sie suchen dann direkt Plätze auf, die möglichst sonnenexponiert sind. Um möglichst viel Wärme aufzunehmen, flachen sie sich durch das Spreizen der Rippen ab und richten den Körper zur Sonne hin aus. Dabei klettern sie gerne auf erhöhte Plätze wie Felsen, Zaunpfosten und Termitenbauten (LEE & BADHAM 1963), wobei bevorzugt Substrate aufgesucht werden, die schlechte Wärmeleiter sind (z.B. Holz, Pflanzen), um möglichst wenig der aufgenommenen Sonnenwärme an das Substrat zu verlieren. Auch physiologische Prozesse sind bei der Thermoregulation von Bedeutung. Bartagamen können – wie viele andere Echsen auch – innerhalb weniger Minuten ihre Körperfärbung deutlich verändern, was durch Kontraktion melaninhaltiger Hautzellen (sogenannte Melanophoren) geschieht (GREER 1989). Dabei kann zum einen die Gesamtfärbung heller oder dunkler werden; zum anderen können bestimmte Farbelemente (z.B. bestimmte Flecken oder Bänder) selektiv heller bzw. dunkler und somit kontrastreicher werden (dies spielt vor allem bei sozialen Interaktionen eine Rolle).

▲ Abb. 97. Hier ist es der Bartagame auf dem Sonnenplatz im Terrarium zu warm geworden (männliche "Hypo Leatherback"-Variante). Foto: M. Konrad

Morgens sind die Agamen meist recht dunkel gefärbt, um eine maximale Wärmeaufnahme zu ermöglichen. Weiterhin können die Agamen die Strömungsverhältnisse des Blutkreislaufs verändern, um so die Thermoregulation zu unterstützen. Beim Aufwärmen werden die großen Blutsinusse im Kopf besonders stark durchblutet, was z.B. auch an den meist leicht geschwollen wirkenden Augäpfeln sonnenbadender Agamen erkennbar ist (Mitchell 1973). Porter (1991) beobachtete Bartagamen, die sich beim Aufwärmen mit geöffnetem Maul in Richtung der Wärmequellen orientierten; vermutet wird, dass dabei die stark durchblutete Mundschleimhaut die Wärmeaufnahme und Verteilung in den Körper positiv beeinflusst. Nachdem sie ihre "Betriebstemperatur" erreicht haben, beginnen ihre Aktivitäten, z.B. Herumlaufen, um zu fressen. Mit steigenden Temperaturen ändert sich das thermoregulatorische Verhalten der Echse. Sie muss nun versuchen, ihre Körpertemperatur im Optimalbereich zu halten, also auch nicht zuviel Wärme aufzunehmen. Die dunkle Hautpigmentierung hellt sich auf, die Tiere heben ihren Körper vom Boden ab, stellen sich auf die Fersen und begeben sich ggf. zu schattigeren, kühleren Plätzen. Sollte dies noch nicht aus-

▲ Abb. 98. Das Hecheln dient der Kühlung der Mundschleimhäute bei großer Hitze. Foto: K. Grießhammer

reichen, heben sie abwechselnd die Füße vom heißen Boden, öffnen das Maul und schieben die Zunge ein Stück hervor. Bei drohender Überhitzung (bei einer Körpertemperatur über 41 °C) beginnen die Agamen zunächst mit offenem Maul zu hecheln und ziehen sich dann in schattige Bereiche zurück. Beim Hecheln verdunstet Flüssigkeit von der feuchten Schleimhaut und hilft der Bartagame sich abzukühlen. BARTHOLOMEW & TUCKER (1963) geben an, dass die Letaltemperatur bei Bartagamen bei etwa 45 °C liegt.

▲ Abb. 100. Warme Felsen werden abends gerne aufgesucht (New South Wales). Foto: M. Decker

Wenn am späten Nachmittag die Sonne schwächer wird und die Lufttemperatur abnimmt, versuchen die Agamen ihre eigene Abkühlungsrate zu verzögern. Sie nutzen dann warme Felsen oder auch den Asphalt von Straßen, die noch eine Weile die Wärme speichern, um die Körpertemperatur hoch zu halten. Dazu pressen sie ihren Körper an das Substrat (Aufnahme von Konduktionswärme). Schließlich ziehen sie sich in ihre Verstecke zurück, in denen die Auskühlung noch ein wenig herausgezögert wird, wodurch die Tiere zusätzliche Zeit z.B. zum Verdauen gewinnen (GREER 1989).

▶ Abb. 99. *Pogona mitchelli* beim Aufnehmen der letzten Sonnenstrahlen (Purnululu Nationalpark, West-Australien. Foto: B. Eidenmüller

# Pflege im Terrarium

Abb. 101. *Pogona vitticeps* beim Fangen einer Heuschrecke. Foto: G. Köhler

# Pflege im Terrarium

## Empfehlungen zum Erwerb

Bevor man sich dazu entscheidet, Bartagamen zu pflegen, sollte man einige Punkte bedenken und mit seinen Mitbewohnern besprechen:

- ✓ Sollte in ihrem Mietvertrag stehen, dass Sie keine Tiere halten dürfen, sind Tiere, die in Käfigen und Terrarien leben, normalerweise von dieser Klausel ausgeschlossen. Sollten Ihnen Futtertiere entkommen und diese oder auch penetranter Geruch Ihre Nachbarn belästigen, könnten sich jedoch wohnrechtliche Konsequenzen ergeben!

- ✓ Zu bedenken sind weniger die Kosten des Erwerbs (wer nicht besondere Zuchtformen sucht, kann Bartagamen in Tierheimen sogar teils kostenlos erwerben), sondern vielmehr die laufenden Kosten: Bartagamen benötigen regelmäßig Futtertiere (vor allem Insekten). Nicht zu unterschätzen ist der Anschaffungspreis und die Erneuerung der tiergerechten Beleuchtung sowie auch die erhöhte Stromrechnung, da die Tiere sehr hell beleuchtete Terrarien benötigen. Auch die tiermedizinische Versorgung durch einen reptilienkundigen Tierarzt muss gesichert werden.

- ✓ Bereits vor dem Erwerb sollten sie sich Gedanken um eine Urlaubsvertretung machen. Bedenken sie den Arbeitsaufwand, der entsteht: z.B. Futterzubereitung, Füttern, Reinigung von Futterschüssel und Trinknapf. Bei Problemen oder während der Fortpflanzungszeit erhöht sich der Zeitbedarf.

▲ Abb. 102. Anfängern sind eher halbwüchsige Jungtiere zu empfehlen. Foto: G. Köhler

- ✓ Zum Zeitpunkt des Erwerbs muss das voll funktionsfähige Terrarium bereitstehen und bereits einige Tage oder besser Wochen probegelaufen sein.

- ✓ Aus Australien dürfen keine dort einheimischen Tiere exportiert werden. Keine der Bartagamen-Arten ist auf einem der Anhänge der Convention on International Trade of Endangered Species of Wild Fauna and Flora (CITES) gelistet. Bartagamen sind in Deutschland nicht meldepflichtig.

▲ ▼ Abb. 103-104. Agile aufmerksame Jungtiere (hier: *P. vitticeps*) sind meistens in gutem Gesundheitszustand. Fotos: G. Köhler

✓ Besonders von *P. vitticeps* und *P. henrylawsoni* gibt es zahlreiche Nachzuchten. Diese werden auf Reptilien-Börsen, über lokale Kleinanzeigenjournale oder das Internet angeboten. Es ist von Vorteil, Bartagamen bei einem versierten Züchter zu erwerben. Hier sieht man die Elterntiere und bekommt einen Überblick über deren Haltungsbedingungen. Auch sind die Tiere hier weniger gestresst.

✓ Gerade in Kleinanzeigen und wissenschaftlichen Arbeiten findet man oft Zahlencodes vor den Tiernamen wie z. B. "1,2,14". Diese Zahlen geben die Anzahl und das Geschlecht an. Die erste Zahl beschreibt die Anzahl der Männchen, die zweite die der Weibchen und die dritte Zahl die der Tiere mit unbestimmtem Geschlecht (meist Jungtiere). Der oben angegebene Zahlencode bedeutet also: Ein Männchen, zwei Weibchen und vierzehn Tiere unbestimmten Geschlechts.

✓ Junge Bartagamen sollten beim Kauf wenigstens einen Monat alt und futterfest sein. Dem Anfänger seien jedoch eher halbwüchsige Jungtiere (1/3 – 1/2 der Adultgröße) empfohlen, da diese bereits deutlich robuster sind als sehr kleine Individuen. Will man mit der Pflege von Bartagamen beginnen, empfiehlt es sich, zunächst nur ein Tier zu erwerben. Die Einzelhaltung stellt den Halter nicht vor Probleme wie Unterdrückung und Beißereien untereinander. Wer dennoch mehrere Tiere halten möchte, muss darauf achten, nur gleichgroße Tiere miteinander aufzuziehen. Hier muss besonders auf das Geschlecht (nie mehrere Männchen!) geachtet werden. Sollte ein Tier unterdrückt und vielleicht sogar gebissen werden oder im Wachstum zurückbleiben, müssen die Tiere getrennt werden.

✓ Laufen die kleinen Bartagamen auf zittrigen Beinen und mit Koordinationsschwierigkeiten durch das Terrarium, kann man auf eine Mangelkrankheit schließen. Auf den Erwerb von Tieren mit den genannten Krankheitsanzeichen sollte man folglich besser verzichten. Kranke Jungtiere haben, wenn überhaupt, nur bei sehr erfahrenen Haltern eine Chance – lassen Sie sich nicht zu Mitleidskäufen hinreißen. Bitten

▲ Abb. 105. Übergewichtiges Weibchen (*P. vitticeps*). Foto: G. Köhler

Sie den Verkäufer, den Jungtieren etwas Futter zu geben, um zu sehen, ob diese sich ihren Teil erbeuten.

✓ Entscheiden Sie sich nicht für auffällig ruhige, vermeintlich "zahme" Exemplare in einer Gruppe, da diese unter Umständen krank sind, sondern für die aufmerksamen, aktiven Tiere, die möglicherweise sogar Drohverhalten zeigen. Lassen sie sich für die Auswahl der Tiere Zeit, um später viel Freude mit ihren Schützlingen zu haben.

✓ Zur Auswahl der Bartagamen werden die Tiere vorsichtig in die Hand genommen und aufmerksam betrachtet. Sind die Echsen abgemagert – oft zeichnen sich dann die Knochen durch die Haut ab, vor allem im Bereich von Hinterhaupt, Becken und Schwanz – ist die Echse in einem sehr schlechten Ernährungszustand und oftmals krank.

▼ Abb. 106. Abgebissene Schwänze oder Zehen, die gut verheilt sind, sind nur ein Schönheitsfehler. Foto: K. Grießhammer

✓ Der Kopf bzw. die Kiefer vor allem älterer Tiere neigen zur Abszessbildung. Diese können auch nach erfolgreicher Operation an der gleichen oder auch an anderen Stellen wieder entstehen und letztendlich sogar zum Tode führen.

✓ Geschwollene Gliedmaßen können ein Anzeichen für Brüche oder rachitische Erkrankungen, besonders fibröse Osteodystrophie sein (vgl. Kapitel "Erkrankungen"). Sollten die hinteren Extremitäten geschwollen sein, kann es sich um eine schwere Nierenerkrankung handeln.

✓ Durch vorsichtiges Ziehen an der Kehlhaut wird das Maul der Bartagame geöffnet. Oft reicht schon ein Streichen an der Maulspalte, um das Öffnen zu provozieren. Sieht man einen käsigen Belag, ist eine Maulfäule zu vermuten. Bei fortgeschrittenem Verlauf kann es zu Darm- und Lungenentzündungen kommen.

✓ Betrachten Sie die Hautfalten und die Kloake. Hier können Sie unter Umständen kleine Milben oder Zecken finden. Diese sind lästige Parasiten, die aber im Quarantäneterrarium behandelt werden können.

✓ Fehlende Zehen und Schwänze mit gut verheilten Wundrändern sind in erster Linie eine Frage der Ästhetik und beeinträchtigen die Tiere in der Regel kaum. Wollen Sie selber züchten, müssen sie jedoch auf den Kauf von Tieren mit Knickschwänzen und Buckelbildung verzichten. Diese Erbkrankheiten kommen am häufigsten bei *Pogona henrylawsoni* vor. Zur Zucht sollten auch keine nah miteinander verwandten Tiere verwendet werden. Nehmen sie deshalb am besten von Anfang an Jungtiere verschiedener Eltern.

▲ Abb. 107. Überprüfen sie die Hautfalten auf Parasiten. Foto: R. Pesch

▼ Abb. 108. Augen und Nasenlöcher sollten sauber und frei von Sekret sein. Foto: K. Affonce

▲ Abb. 109. Ein Blick ins Maul ist sinnvoll, sollte aber nur von erfahrenen Personen durchgeführt werden. Foto: K. Grießhammer

## Bartagamen im Internet

Auf verschiedenen Homepages mit dem Thema Bartagamen findet man Freilandaufnahmen, Daten über Australien, Klimatabellen, aber auch zahlreiche Links und Foren, die einen Austausch mit anderen Haltern ermöglichen. Die verfügbaren Informationen sollte man kritisch betrachten. So werden auf zahlreichen Seiten tierfeindliche Maßnahmen als artgerecht propagiert und einige selbsternannte "Experten" können den Anfänger mit falschen Informationen in die Irre führen. Halter, die Bartagamen über viele Jahre bestenfalls sogar über mehrere Generationen halten, können meist sehr hilfreiche Antworten zu auftretenden Fragen geben.

Es gibt auch zahlreiche Seiten mit Kleinanzeigen, auf denen Züchter und Händler Bartagamen anbieten. Es wird leider immer üblicher, dass die Tiere bestellt werden und mit einem Spezialversand bis zur eigenen Haustür geliefert werden. Dies stellt einen erheblichen Stress für die Bartagamen dar und manchmal entpuppt sich das versprochene wohlgenährte Weibchen als unterernährtes Männchen! Besuchen Sie lieber selbst das Zoogeschäft, bzw. den Züchter und suchen Sie bei ihm Ihr Tier aus. Alleine die zahlreichen Haltungstipps rechtfertigen auch längere Anfahrtswege. Eine gute Adresse für Diskussionsforen ist die Homepage der DGHT, die unter www.dght.de erreichbar ist.

▲ Abb. 110. Muten sie ihrem Tier keinen Versand zu, sondern holen sie es lieber im Zoogeschäft oder beim Züchter ab. Foto: K. Grießhammer

## Einkaufsliste:

✓ **Terrarium** • Mindestgröße 150cm lang, 80cm hoch, 80cm tief, Glasterrarium oder Holzterrarium

✓ **Lampe mit UV-Anteil** • z.B. Bright Sun Desert (Lucky Reptile), Solar Raptor HID (Econlux) oder X-Reptile UV-MH (X-Reptile) inkl. Vorschaltgerät, Wattstärke je nach Terrariengröße, Beratung im Zoofachhandel

✓ **HQI/HCI Lampe** • Wattstärke je nach Terrariengröße, Brenner („Birne") im Farbton NDL, D

✓ **Leuchtstoffröhren** • T8 oder T5 in „Feuchtraumfassung", im Farbton Tageslicht

✓ **Halogenspotstrahler** • spritzwassergeschützt, je nach Terrariengröße

✓ **Sand** • Spielsand oder "Terrariensand" mit Lehmanteil

✓ **Lehmpulver** • (bei Verwendung von Spielsand), Mischungsverhältnis beachten

✓ **Korkröhren** • Durchmesser ca.10–20cm

✓ **Äste** • Durchmesser ca.10–20cm, auf griffige raue Rinde achten

✓ **Wasserschale** • flach, groß genug, dass sich eine Bartagame hineinlegen kann

✓ **Futterschale** • flach, für Grünfutter

✓ **Vitamin- und Mineralstoffpulver** • Herpetal T oder Korvimin ZVT, • **Multivitamintropfen** Combex V Multivitamin • **Sepiaschale**

✓ **Styroporbox** • zum Transport (Größe des Tieres entsprechend)

✓ **Kleines Plastikterrarium** • für Futtertiere oder Transport (Größe des Tieres entsprechend)

✓ **Zeitschaltuhr** • **Futterpinzette,** mind. 20cm • **Pflanzensprüher** • **Thermometer** • **Hygrometer**

**Bezugsquellen:** Zoofachhandel, Börsen, Baumärkte, Internetshops u.a.

▲ Abb. 111. Das Zubehörangebot im Zoofachhandel ist groß. Foto: G. Köhler

## Transport

Haben Sie sich für eine oder mehrere Bartagamen entschieden, müssen diese transportfertig gemacht werden. Kleine Tiere werden in Kleinstterrarien oder sogenannten Heimchendosen mit Zellstoff verpackt, große Tiere in Transportboxen oder in Leinenbeutel gesetzt, die gut verschlossen werden. Für ausreichende Lüftung der Plastikbehälter muss durch kleine Löcher gesorgt werden. Die Tiere sollten einzeln eingepackt und auf dem Transport visuell abgeschirmt werden, um bei diesem ohnehin stressreichen Vorgang nicht noch mit einer optischen Reizflut belastet zu werden. Gerade die kleinen Tiere sind aufgrund ihrer Proportionen – geringes Volumen bei großer Oberfläche – besonders gefährdet innerhalb kurzer Zeit auszukühlen, aber auch die großen Exemplare können sich bei kaltem Luftzug und zu kühlen Temperaturen lebensgefährliche Erkrankungen zuziehen. Es empfiehlt sich eine thermostabile Verpackung, in die die Plastikbehälter bzw. Leinenbeutel hineinkommen. Hierzu werden meist Styroporkisten, bei Bedarf auch noch Heizquellen wie mild temperierte Taschenwärmer oder Wärmflaschen, verwendet. Selbstredend darf sich dieses Paket auch nicht überhitzen und den Tieren muss ausreichend Sauerstoff zur Verfügung stehen!

▲ Abb. 112-113. Transportboxen für Bartagamen (unten mit geöffnetem Deckel für Fotozwecke). Fotos: K. Grießhammer/M. Decker

## Eingewöhnung

Daheim angekommen, setzt man die Tiere baldmöglichst in ein Quarantäneterrarium und lässt sie für die nächsten Tage weitgehend in Ruhe, damit sie sich an die veränderten Bedingungen gewöhnen können. Während manche Tiere sofort neugierig ihre neue Umgebung erkunden und auch gierig fressen, ziehen sich andere für einige Tage zurück und verweigern die Futteraufnahme. Beide Verhaltensweisen sind völlig normal. Alle neuerworbenen Bartagamen sollten für mindestens sechs Wochen in einem Quarantäneterrarium beobachtet werden. Ein Quarantäneterrarium ist ein leicht zu reinigendes und zu desinfizierendes Behältnis, das in seiner Ausstattung dem eigentlichen Terrarium entspricht; mit einem Wassernapf, Rückzugsmöglichkeiten und natürlich Licht- und Wärmequellen (siehe Kapitel "Beleuchtung und Heizung").

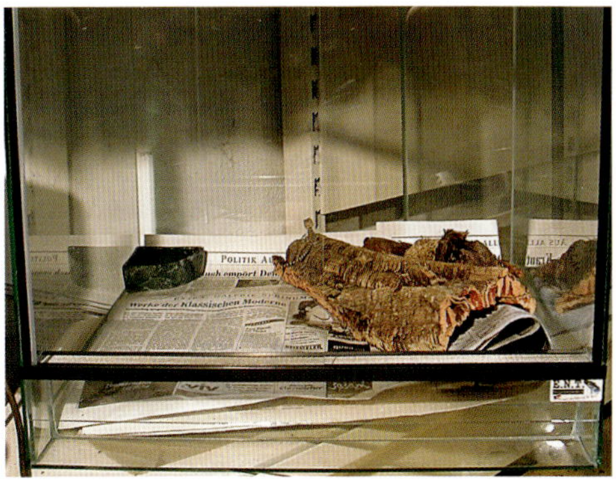

▲ Abb. 114. Einfach eingerichtetes Quarantäneterrarium. Foto: K. Grießhammer

▲ Abb. 115. Bartagame im Quarantäneterrarium. Foto: K. Grießhammer

Als Bodenauflage wird Küchenpapier oder Zeitungspapier verwendet, das täglich gewechselt wird. Wählen Sie das Quarantäneterrarium nicht zu klein. Es kann Ihnen dann auch als Aufzuchtbecken dienen oder Verwendung finden, wenn einmal Tiere kurzzeitig getrennt werden müssen. Für *Pogona vitticeps* empfiehlt sich ein Becken mit mindestens 100 cm Länge.

Besondere Aufmerksamkeit gilt jetzt der Überprüfung des Gesundheitszustandes der Tiere, insbesondere, ob die Pfleglinge parasitenfrei sind.

Suchen sie auf den Tieren und der Bodenauflage nach den sehr kleinen Milben, die gelegentlich auf Agamen zu finden sind. Der Kot sollte überwiegend fest sein und nicht im besonderen Maße penetrant riechen. Nach Absprache mit

◀ Abb. 116. Quarantäneterrarium mit Wasser- und Futterschale. Foto: M. Decker

▲ Abb. 117. Bartagame unter dem Strahler im Quarantäneterrarium. Foto: M. Decker

▲ Abb. 118. Küchenpapier ist im Quarantäneterrarium eine geeignete Unterlage. Foto: K. Grießhammer

dem Tierarzt bzw. Untersuchungsinstitut, sollten mehrere frische Kotproben von dem Neuankömmling untersucht werden, um zu prüfen, ob ein Endoparasitenbefall vorliegt. Adressen von geeigneten Instituten finden sie auf Seite 251. Auch die DGHT gibt eine Liste von spezialisierten Tierärzten heraus, welche teilweise auch Kotproben untersuchen, siehe www.dght.de

Muss man auf ein Quarantäneterrarium verzichten, richtet man das eigentliche Terrarium nach den oben genannten spartanischen Bedingungen ein. Im Quarantäneterrarium sollten die Tiere so stressarm wie möglich gehalten werden, um ihnen die Gewöhnung an die neue Umgebung zu erleichtern. Auch wenn es schwer fallen mag, die Agamen nicht herauszuholen, muss man ihnen diese Zeit zur Umgewöhnung gönnen. Wenn sich die Tiere als gesund herausstellen, können sie schließlich in ihr voll eingerichtetes Terrarium einziehen.

Will man eine bereits eingelebte Bartagame mit einer weiteren vergesellschaften, empfiehlt es sich, das Terrarium anders einzurichten und den gesunden Neuankömmling nach der Quarantäne für einige Tage alleine in dem Becken zu belassen, um ihm bei der folgenden Zusammenführung einen kleinen Vorteil zukommen zu lassen.

# Der Umgang mit den Bartagamen

## Wie wird meine Bartagame zutraulicher?

Viele Menschen wünschen sich ein zahmes Haustier und da Bartagamen im Ruf stehen, sehr zahm zu werden, scheinen sie optimale Kandidaten zu sein. Der Begriff Zahmheit wird in diesem Fall jedoch falsch benutzt. Bartagamen sind in ihrem Verhalten nicht mit Säugetieren zu vergleichen. Säuger werden als Jungtiere von zumindest einem Elterntier gepflegt, und vor allem Gruppentiere verfügen über ein reiches Verhaltensspektrum. Bartagamen sind ab dem Schlupf jedoch auf sich selbst gestellt. "Streicheleinheiten" kennen die Tiere nicht, und sie bedeuten auch eher Stress für sie. Gleichwohl werden Bartagamen ihrem Pfleger gegenüber erstaunlich tolerant. Sie fressen bald aus der Hand und lassen sich auch gut anfassen oder aus dem Terrarium herausnehmen. Manche Bartagamen kratzen sogar an der Scheibe des Terrariums und warten darauf, dass sie herausgelassen werden oder sie betteln förmlich um Futter.

Man darf die Agamen nie zu etwas zwingen oder versuchen, mit ihnen zu spielen. Auch Erziehung oder Bestrafungen verstehen die Agamen nicht und sind pure Tierquälerei.

Wer sich mit Ruhe und Geduld um die Bartagamen kümmert, wird ihnen bald vermitteln, dass das Auftauchen des Pflegers mit positiven Reizen, wie Futter, frischem Wasser oder Abwechslung vom Terrarienalltag verbunden ist. So erfolgt eine positive Konditionierung.

▲ Abb. 119. Bartagamen (*Pogona vitticeps*) sind wenig scheu und werden schnell zutraulich. Foto: G. Köhler

▲ Abb. 120. Auch *Pogona henrylawsoni* sind ihrem Pfleger gegenüber meistens recht tolerant. Foto: K. Grießhammer

▲ Abb. 121. Mit einem Leckerbissen gewöhnt sich das Tier an die Hand. Foto: K. Grießhammer

Manche Tiere kommen auch von sich aus zum Pfleger und ruhen sich bei oder auf ihm aus. Nicht alle Tiere sind dem Menschen gegenüber gleich tolerant, und manche bleiben auch recht wild und vermeintlich aggressiv. Der Biss einer großen Bartagame kann eine blutende Wunde verursachen, die eventuell chirurgischer Behandlung bedarf. Man darf nicht vergessen, dass auch Terrarienzuchten nachgezüchtete Wildtiere sind und jede Annäherung des Tieres an den Menschen ein Geschenk und keine Selbstverständlichkeit ist. Ein untrügliches Zeichen der Angst oder Unzufriedenheit ist es, wenn sie sich auf den Boden oder die Hand des Pflegers pressen und die Augen schließen. Sehr häufig wird diese Verhaltensweise als Anzeichen für Genuss und Entspannung falsch interpretiert. Unter Haltern wird immer wieder diskutiert, ob die Echsen ihren Pfleger von anderen Menschen unterscheiden können. Es gibt für beide Auffassungen Hinweise, wissenschaftliche Arbeiten zu diesem Thema sind uns aber nicht bekannt. Die hohe Toleranz der Bartagamen dem Menschen gegenüber ist nur bei *Pogona vitticeps*

▲ Abb. 122. Nähern sie sich nicht von oben. Die Bartagame bekommt sonst Angst und zeigt Abwehrreaktionen. Foto: U. Schuster

▲ Abb. 123. Beim Umgang mit den Bartagamen ist stets Vorsicht und bei Kindern Beaufsichtigung angesagt. Foto: U. Dost

▲ Abb. 124. Nähern Sie sich nur langsam und ohne hektische Bewegungen.

▲ Abb. 125. Schließt die Bartagame die Augen, so wird es ihr unbehaglich. Fotos: K. Grießhammer

und *P. henrylawsoni* stark ausgeprägt. Die anderen Arten vermeiden den direkten Kontakt zum Menschen wesentlich stärker.

## Wie man eine Bartagame festhält

Die allermeisten als Haustiere gehaltenen Bartagamen sind ihrem Pfleger gegenüber so entspannt, dass sie sich leicht auf die Hand nehmen lassen. Hierzu schiebt man langsam die flache Hand von der Seite unter den Bauch der Bartagame. Man hebt sie dann leicht an und gibt ihr die Möglichkeit mit allen vier Füßen festen Halt auf der Hand und dem Unterarm zu finden. Erst wenn die Agame guten Kontakt hat, wird sie sich sicher fühlen und ruhig sitzen bleiben. Trotzdem kann die Bartagame sich erschrecken, unvermutet vom Arm springen und sich hierbei verletzen. Man sollte daher immer mit der zweiten Hand sichern. Hierzu legt man locker die Hand auf die Hüfte des Tieres und hält die Bartagame sanft fest.

▼ Abb. 126/127. Festhalten einer Bartagame. Alle vier Füße brauchen Halt und die zweite Hand sichert. Foto: K. Grießhammer/G. Köhler

## Kinder und Bartagamen

Nicht erst seit "Jurassic-Park" sind Kinder begeisterte Fans zahlreicher Dinosaurier. Aber auch die heute lebenden Reptilien verfehlen nicht ihre Faszination. In Zoohandlungen haben Kinder oftmals ein erstaunliches Geschick, ihre Eltern dazu zu bewegen, sich ein Haustier mit nach Hause zu nehmen. Kleine Bartagamen gehören da zu den Favoriten unter den Reptilien. Heimtiere können in einer zunehmend naturentfremdeten Gesellschaft einen wertvollen Beitrag zur Erziehung darstellen. Die Erziehungsberechtigten müssen jedoch bedenken, dass die Aufnahme von Reptilien die Übernahme

▲ Abb. 128. Je nach Alter können die Kinder bei Pflegearbeiten einbezogen werden und haben oft viel Freude daran. Foto: G. Köhler

▲ Abb. 129. Ein Terrarienschloss ist zu empfehlen. Foto: K. Grießhammer

einer großen Verantwortung mit sich bringt – vor allem, da ein Großteil der Arbeit an den Eltern hängen wird. Prüfen Sie, ob Sie den Bartagamen optimale Bedingungen bieten können und ob Sie selbst auch Interesse an einem beschuppten Haustier mitbringen. Ist der Umgang mit Bartagamen in aller Regel gefahrlos, sollte doch an den potentiell gefährlichen Biss und auch mögliche Infektionen gedacht werden.

Die Tiere sollten nur unter der Aufsicht Erwachsener von den Kindern betreut werden. Es ist empfehlenswert ein Terrarienschloss anzubringen. Die Terrarienelektrik muss gut gesichert, am besten unerreichbar für Kinder sein. Obligatorisch ist das gründliche Händewaschen nach jedem Umgang mit den Tieren bzw. deren Inventar.

Das Umhertragen und Spielen mit den Bartagamen ist für die Tiere schädlich, auch wenn sie es scheinbar geduldig über sich ergehen lassen.

## Das Terrarium

Im Gegensatz zu den herkömmlichen, domestizierten Haustieren wie Hunden und Katzen sind Bartagamen in ihrer Morphologie nahezu unverändert im Vergleich zu ihren australischen Verwandten. Im Laufe der Evolution möglichst optimal an ihre Lebensbedingungen im Freiland adaptiert und nur begrenzt anpassungsfähig, müssen sie sich in Menschenhand in einer künstlichen Umgebung zurechtfinden. Einer freilebenden Agame steht für ihre Aktivitäten ein riesiges Areal mit zumeist optimalen Verhältnissen zur Verfügung. Die Aufgabe des Pflegers ist es, sich soweit wie möglich an den Ansprüchen der freilebenden Tiere zu orientieren und ihnen die bestmöglichen Bedingungen zu bieten.

### Standort

Ein Terrarium kann für seinen Besitzer verschiedene Zwecke erfüllen. Ob als Schmuckstück für das Wohnzimmer oder als reine Zuchtanlage, muss das Terrarium immer den Bedürfnissen der Tiere entsprechen. Das gilt auch für den Standort des Terrariums: Ein heller Raum mit direkter Sonneneinstrahlung tut den Pfleglingen zweifelsfrei sehr gut. Es ist jedoch zu bedenken, dass insbe-

▲ Abb. 130. Blick in eine schöne selbstgebaute Terrarienanlage. Foto: M. Decker

sondere in einem Glasterrarium Sonnenstrahlen innerhalb kürzester Zeit die Temperaturen in einen lebensgefährlichen Bereich für die Tiere bringen können. Extreme Temperaturen, ausgelöst durch Heizkörper oder kalte Zugluft, müssen vermieden werden. Das Terrarium muss möglichst weit entfernt von allen Vibrationsquellen wie Waschmaschine oder Audioboxen in einem rauchfreien Raum aufgestellt werden.

Besitzt man mehrere Bartagamenterrarien, darf man diese nicht so aufstellen, dass die Tiere sich sehen können, da sie sich sonst alleine über den visuellen Kontakt bis zum Tode stressen können. Das gilt auch für Aufzucht- und Quarantänebehälter.

Bei den großwüchsigen Arten *Pogona barbata* und *P. vitticeps* ergeben sich bei einer KRL von 25 cm die Mindest-Terrarienmaße 125 cm Länge x 100 cm Breite x 75 cm Höhe. Für jedes weitere Tier müssen 15% Fläche addiert werden. Da es schwierig werden kann, ein 1 Meter tiefes Terrarium durch die Tür zu bekommen und aufzustellen, kann man dafür in der Länge variieren. Ein oft verwendetes Maß ist 150 cm Länge x 80 cm Tiefe x 80–100 cm Höhe.

Für die kleineren Arten wie *P. mitchelli* und *P. henrylawsoni* eignen sich Terrarien mit 120 cm Länge x 80 cm Tiefe x 60–80 cm Höhe.

Es gilt: **Je größer, desto besser!**

## Terrariengröße

Egal ob man sich im Fachhandel ein Terrarium kauft oder dieses im Eigenbau anfertigt, sollte auf eine möglichst große Grundfläche geachtet werden. Seit dem 10. Januar 1997 liegt ein Gutachten über "die Mindestanforderungen an die Haltung von Reptilien", erstellt im Auftrag des Bundesministeriums für Ernährung, Landwirtschaft und Forsten, Referat Tierschutz (1997), vor. Neben einigen anderen Vorgaben regelt es auch die Mindestterrariengröße: Für ein Paar Bartagamen werden das fünffache der Kopf-Rumpf-Länge (KRL) als Mindestlänge des Terrariums, das vierfache der KRL für die Breite und das dreifache der KRL für die Höhe verlangt.

▲ Abb. 131. Geräumiges Terrarium im Zoo Frankfurt (Teilansicht). Foto: G. Köhler

## Terrarienarten

### Vollglasterrarien

Im Zoohandel werden selten ausreichend große Terrarien für ausgewachsene Tiere angeboten, meistens kann man dort aber Vollglasterrarien in den gewünschten Größen bestellen. Man muss unbedingt beachten, dass das Terrarium vom Laden zum dafür vorgesehenen Platz transportiert wird. Probleme wie Zerbrechlichkeit, hohes Gewicht und große Maße müssen vor dem Transport bedacht werden. Glasterrarien sehen optisch gut aus und lassen sich leicht desinfizieren.

▲ Abb. 132. Praktisch: ein Terrarium, das sich von vorne öffnen läßt (*Pogona henrylawsoni*).

### Holzterrarien-Bausätze

Bausätze aus OSB-Platten, die lediglich an der Front mit Glas versehen sind, kann man im Zoohhandel, im Internet oder auf Reptilienbörsen erwerben. Teilweise ist es auch möglich, die Wunschmaße anzugeben, und man bekommt das Terrarium nach Hause geliefert. Diese Holzterrarien können leicht transportiert und auch von Ungeübten aufgebaut werden. Im Vergleich zu Glasterrarien isoliert das Material sehr gut die Wärme. Sowohl die Beleuchtung als auch eine künstliche Rückwand können einfach eingebaut werden werden und zudem sind diese Bausätze eine recht kostengünstige Variante. Die Bausätze werden in einem flachen Paket geliefert. Teilweise ist die Front schon vormontiert. Für den Zusammenbau ist meistens nur ein kräftiger Akkuschrauber und ein Tube bzw. Kartusche Aquariensilikon notwendig. Man folgt nun genau der Anleitung und setzt die Teile nach und nach zusammen. Es empfiehlt sich zumindest den Boden mit einem geeigneten Epoxidharz oder einer anderen Versiegelungstechnik wasserabweisend zu machen. Feuchte Ecken im Terrarium können sonst rasch das Holz angreifen. Mit transparentem Aquariensilikon dichtet man alle Spalten ab, um ein Herausrieseln des Sandes oder das Entkommen von kleinen Futtertieren zu verhindern. Wenn man vor hat, eine

▲ Abb. 133. Holzterrarien-Bausatz (teilweise zusammengebaut). Fotos: K. Grießhammer

Terrarienrückwand einzubauen, sollte man die Front des Terrariums erst nach der Installation dieser Rückwand einsetzen. Meistens werden Schiebescheiben für die Front verwendet, die oben und unten in E-Profilen geführt werden. Da das obere E-Profil höher ist als das untere, können die Scheiben leicht eingesetzt bzw. herausgenommen werden. Die Außenseite des Terrariums kann in einer zur Wohnung passenden Farbe gestrichen werden. Wichtig ist, dass alle verwendeten Farben/Lacke (vorzugsweise für Holzspielzeug) und Silikone ausreichend Zeit (meistens mehrere Tage) haben, vollständig zu trocknen und auszugasen, bevor man das Terrarium weiter einrichtet und die Tiere hineinsetzt.

▲ Abb. 134. Holzterrarium mit selbstgebauter Terrarienrückwand. Foto: K. Grießhammer

### Terrarien auf Aluminiumstecksystem-Basis

Terrarien auf Aluminiumstecksystem-Basis sind sehr praktisch und variabel. Sie lassen sich zum Transport oder bei einem Umzug in handliche Einzelteile zerlegen und können im Fachhandel mit Rück- und Seitenwänden bestellt werden, die sich bearbeiten lassen. Lochbohrungen oder das Einarbeiten einer strukturierten Rückwand werden so erleichtert. Dieses System ist flexibel und sieht gut aus, ist jedoch auch die teuerste Version.

### Umgebaute Aquarien

Umgebaute Aquarien haben einige entscheidende Nachteile: Um sowohl den Bartagamen als auch den Futtertieren das Entweichen unmöglich zu machen, muss ein festsitzender, stabiler Deckel gebaut werden, an dem die Beleuchtung installiert wird und der gleichzeitig für ausreichende Belüftung sorgen muss. Während die anderen Terrarientypen über Schiebescheiben auf der Frontseite verfügen, kann man hier nur von oben in das Terrarium greifen. Das erschwert die Pflege und bedeutet auch für die Tiere Stress, da in freier Wildbahn viele ihrer Fressfeinde (Vögel) von oben kommen (HAUSCHILD & BOSCH 1999). So zeigen auch im Terrarium viele Tiere auf schnelle Bewegungen von oben Abwehrreaktionen wie Bartaufstellen und Maulaufreißen. Ein nicht zu unterschätzendes Problem ist die meist mangelhafte Belüftung.

Im Gegensatz zu einem Terrarium mit großen Lüftungsflächen, ist bei Aquarien der Luftaustausch sehr eingeschränkt. Sowohl Hitzestauungen als auch Sauerstoffmangel können die Folge sein, was immer schädlich für die Terrarienbewohner ist.

## Eigenkonstruktion eines Terrariums

Neben allen käuflichen Lösungen kann man mit etwas handwerklichem Geschick ansprechende und flexible Lösungen finden. Für den Eigenbau gibt es sehr unterschiedliche Methoden, jedoch sollen im folgenden ein paar Grundideen für den Bau eines Bartagamenterrariums beschrieben werden. Generell gilt, dass natürlich nur ungiftige Materialien verwendet werden dürfen. Für den Grundaufbau eignen sich Glas, Siebdruckplatten und beschichtete Pressspanplatten. Sie müssen eine ausreichende Stärke aufweisen, um auch im voll eingerichteten Zustand stabil zu bleiben. Alternativ kann auch eine Rahmenkonstruktion aus Holz mit Styroporwänden (vgl. Abb. 138) versehen werden, wodurch das Terrarium leichter wird. Natürlich muss die Oberfläche der Innen- und Außenwände dann verkleidet werden, innen durch den Aufbau einer mit Fliesenkleber und Epoxidharz versiegelten Kunstfelsenkonstruktion (s. S. 78ff) und außen z. B. mit MDF-Platten.

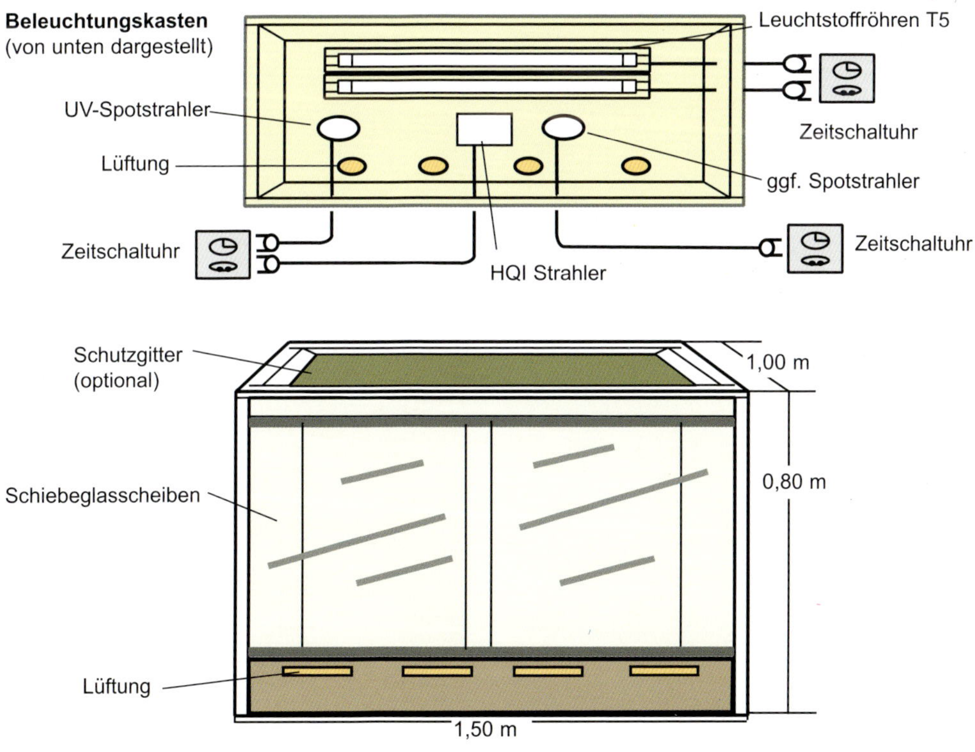


▲ Abb. 135. Beispiel für die Grundkonstruktion eines Bartagamenterrariums.

▲ Abb. 136. Holzwände können mit Styroporplatten versehen werden, die bearbeitet als Kletterflächen dienen. Foto: K. Grießhammer

▲ Abb. 137. Wegen des hohen Gewichtes sollte der Terrarienboden mit Querstreben verstärkt werden. Foto: M. Decker

▲ Abb. 138. Rahmenkonstruktion, in die Styroporplatten eingesetzt werden. Foto: M. Decker

▲ Abb. 139. Die eingesetzten Styroporplatten wurden mit Liegeflächen versehen und müssen noch versiegelt werden. Foto: M. Decker

▲ Abb. 140. Vorbereiteter Deckel, der mit Lüftungsfläche und Beleuchtung versehen wird. Foto: M. Decker

▲ Abb. 141. Unter dem Terrarium hat hier das Quarantäneterrarium Platz. Foto: M. Decker

Um eine ausreichende Belüftung zu gewährleisten, müssen mindestens zwei Lüftungsflächen eingebaut werden. Man sollte beachten, dass die hierfür verwendeten Gitter oder Lochbleche korrosionsfest sind, keine scharfen Kanten aufweisen und das Entweichen der Futtertiere verhindern. Sie sollten in einer Mindesthöhe von 15 cm oberhalb des Bodengrundes angebracht werden, damit sich die Bartagamen nicht ihre Schnauzen daran aufreiben können und der Bodengrund möglichst hoch eingefüllt werden kann. Die Lüftungsflächen werden so angebracht, dass die im Terrarium erwärmte Luft für einen "Kamin-Effekt" sorgen kann. Frische Luft kommt also von unten (beispielsweise von einer der Seiten) und die verbrauchte Luft wird im oberen Teil des Terrariums wieder hinausgeführt (vgl. z.B. Abb. 133).

Die Frontglasscheiben sollten 6 mm dick sein, da grabende Bartagamen kleine Steinchen derart beschleunigen können, dass diese das Glas beschädigen können. Die Führungsschienen für die Frontglasscheiben müssen einigen Abstand zum Bodensubstrat haben, damit diese leichtläufig bleiben und nicht ständig Sand in die E-Profile gelangt. Das Einlegen von Kunststoffstreifen (z. B. Kabelbinder ohne Endstück) in das E-Profil verbessert die Lauffähigkeit der Scheiben und verringert Geräusche beim Bewegen der Scheiben.

▲ Abb. 142. Selbstgebaute Rückwand mit griffigen Kletterflächen. Foto: G. Köhler

## Rückwände

Neben den im Handel erhältlichen vorgefertigten Rückwänden können diese mit etwas handwerklichem Geschick günstig selbst gebaut werden. Rückwände aus Zier- oder Presskork sind zwar auch geeignet, jedoch entsteht hier kein zusätzlicher Bewegungsraum für die Bartagamen. Der Presskork ist als Platten mit den Maßen von 100x50 cm erhältlich und recht günstig. Man muss jedoch darauf achten, dass er gepresst und nicht geklebt wurde (wegen möglicher gesundheitsschädlicher Dämpfe).

Eine selbstgebaute Rückwand sollte gut geplant werden, indem eine Skizze erstellt wird. Kleine Strukturen sind für die Bartagamen nicht gut zu gebrauchen. Tipp: lieber großzügige Liege- und Kletterflächen gestalten!

▼ Abb. 143-144. Grundaufbau aus Styropor, unten bearbeitet mit abgerundeten Kanten.

▼ Abb. 145. Die Bearbeitung des Styropors mit Fliesen-/Flexkleber.

▶ Abb. 146. Fertige Liegeflächen nach der Versiegelung. Fotos: M. Decker

## Rückwand auf Styropor-Basis

**Basis:** Platten aus Styropor werden in den größten erwerbbaren Maßen besorgt und können mit einem scharfen Messer und/oder einer elektrischen Handsäge, eventuell einer Heißluftpistole bzw. einem Lötkolben gut bearbeitet werden. Durch die Heißluftpistole kann die Oberfläche geformt und bereits leicht versiegelt und verhärtet werden. Achtung: auf gute Belüftung achten!

Einige horizontal mit Styroporkleber befestigte Styroporstücke bilden Liegeflächen. Auch können Höhlen oder Aufbauten bzw. Felslandschaften aus Styropor konstruiert werden. Hier sind der Phantasie keine Grenzen gesetzt. Große Liegeflächen müssen (z.B. mit keilförmigen Styroporstücken von unten) gestützt werden.

**Bearbeitung der Oberfläche und Versiegelung:** hierzu wird Fliesen-/Flexkleber, Epoxidharz mit Pigmentpulver (erhältlich im spezialisierten Zoofachhandel) oder Abtönfarbe sowie Sand benötigt. Zur Vorgehensweise s.S. 79f.

## Rückwand auf "Hasendraht-Basis"

**Basis:** Bei Verwendung eines Holzterrariums läßt sich die Basis der Rückwand auch aus einem Drahtgerüst bauen. Man benötigt Hasendraht, ca. 100 cm breit, sowie Tapetenkleister und Zeitungspapier.

Mit einem Tacker befestigt man den Draht nun an der Oberseite der Rück- bzw. Seitenwand. Nun biegt und zieht man sich den Draht bis er die gewünschte Form (großzügige horizontale Liege- und Kletterflächen) erreicht hat. Erst jetzt schneidet man mit einer Drahtschere das Drahtgeflecht durch und tackert es an der Bodenplatte fest. Ein wenig überlappend takkert man nun den Hasendraht wieder an der Oberseite der Rückwand fest und setzt die Gestaltung fort. An den Stellen, an denen sich der Hasendraht überschneidet, kann man ihn mit Draht oder kleinen Kabelbindern verbinden, meistens bleibt die Konstruktion aber auch so stabil verbunden. Am Schluß tackert man auch die Seitenflächen fest.

Im nächsten Schritt rührt man Tapetenkleister mit Wasser an und benetzt großzügig etwa 10 cm breite Streifen Zeitungspapier damit. Nun wird das gesamte Drahtgeflecht in mehreren Lagen mit dem eingekleisterten Zeitungspapier beklebt. Anschließend muss das Ganze ein bis zwei Tage durchtrocknen.

**Bearbeitung der Oberfläche und Versiegelung:** Um noch mehr Stabilität in die Rückwand zu bekommen und ihr eine natürlich aussehende und griffige Ober-

▲ Abb. 147. Zunächst werden Liegeflächen zurechtgebogen.

▲ Abb. 148. Das Drahtgeflecht wird jeweiils am Rand festgetackert.

▼ Abb. 149. Drahtgerüst mit eingekleistertem Zeitungspapier. Fotos: K. Grießhammer

fläche zu geben, rührt man nun gemäß den Herstellerangaben Fliesen-/Flexkleber mit Wasser an. Mit gut sitzenden Gummihandschuhen verteilt man den Kleber nun deckend auf der Rückwand. Man sollte darauf achten, dass sich keine scharfen Kanten bilden. Man lässt den Fliesenkleber jetzt 1–2 Tage trocknen. Zu empfehlen sind noch zwei weitere Schichten Fliesenkleber, die man jeweils trocknen läßt. Zur Einfärbung kann in die letzte Schicht Abtönfarbe (z. B. rotbraun oder ocker) gemischt werden oder die Einfärbung geschieht im nächsten Schritt.

Zur abschließenden Versiegelung verwendet man spezielles Epoxidharz und evtl. zur Einfärbung hierzu passendes Pigmentpulver. Das Epoxidharz besteht aus zwei Komponenten, die man zusätzlich mit den Farbpigmenten anrührt. Hierbei muss man sich genau an die Herstellerangaben halten, da das Harz sonst nicht aushärtet. Mit einem Pinsel trägt man das Harz nun deckend auf den Fliesenkleber und bewirft es – solange es noch sehr feucht ist! – mit trockenem Sand. Tipp: Am besten unten anfangen und kleine Bereiche sofort mit viel Sand bestreuen/bewerfen.

▲ Abb. 150. Fliesen-/Flexkleber wird deckend aufgetragen.

▲ Abb. 151. Die einzelnen Schichten müssen gut durchtrocknen.

◀ Abb. 152. Versiegelung mit Epoxidharz, ...

▼ Abb. 153. ... auf die noch sehr feuchte Oberfläche wird trockener Sand gestreut.
Fotos: K. Grießhammer

## Beleuchtung und Temperatur

Da sowohl die Temperatur als auch die Helligkeitsintensität eine entscheidende Rolle im Leben der Bartagamen spielt, kommt der Beheizung und der Beleuchtung im Terrarium eine ganz besondere Bedeutung zu (vgl. Kapitel "Thermoregulation", S. 52; s. a. Zeichnung S. 75). Es gilt als Grundregel, dass ein Bartagamenterrarium so hell wie möglich zu beleuchten ist und den Tieren sowohl sehr warme Aufheizplätze als auch kühle Rückzugsflächen anzubieten sind.

Bartagamen, die in dunklen Terrarien gehalten werden, verhalten sich überwiegend inaktiv, verweigern oftmals das Futter, ziehen sich zurück und können an dem Mangel an Helligkeit sogar eingehen. Wer einmal in Australien die Intensität der Sonne erlebt hat, wird jedes Terrarium – unabhängig vom betriebenen Aufwand – als zu dunkel bezeichnen. Erreicht die Helligkeit im Terrarium gerade einmal 1000 Lux, sind es im natürlichen Lebensraum über 100000 Lux (GEHRMANN 1987, 1994a, b)! Zur Haltung von Bartagamen werden einige technische Hilfsmittel benötigt. Alle heißen und stromführenden Teile müssen außerhalb der Reichweite der Tiere und spritzwassergeschützt angebracht werden. Für Strahler über 60 Watt sollten Keramikfassungen benutzt werden. Die Herstellerempfehlungen sind einzuhalten. Alle elektrischen Installationen sind Aufgabe des Fachmanns!

Die Beleuchtung muss vier Aspekte erfüllen. Zunächst muss eine großflächige **Grundbeleuchtung** gewährleistet sein. Durch diese wird das Terrarium insgesamt beleuchtet.

**Helligkeits-** und **Wärmeinseln** müssen zusätzlich geschaffen werden. Sie sind für die nötige lokale Temperatur und hohe Helligkeitswerte zuständig. Außerdem muss für die wichtige **UV-Bestrahlung** gesorgt werden.

### Grundbeleuchtung

Die Grundbeleuchtung hat die Aufgabe, dafür zu sorgen, dass das Terrarium insgesamt hell ausgeleuchtet ist. Die einfachste und energieeffizienteste Methode hierfür ist die Verwendung von Leuchtstoffröhren. Für ein Terrarium in der empfohlenen Größe sind zwei bis

▲ Abb. 154. Drei T5 Leuchtstoffröhren und ein HCI Strahler. Foto: K. Grießhammer/M. Decker

vier Leuchtstoffröhren ausreichend. Man sollte darauf achten, ausschließlich Feuchtraumleisten zu nutzen, die auch bei versehentlich verspritztem Wasser keine Probleme bereiten. Hierfür werden im Handel verschiedene Systeme angeboten. Wichtig ist, dass die Leuchtstoffröhren auch genügend Lichtleistung bringen, denn es gibt hier erhebliche Unterschiede! Zunächst muss man einen Farbton wählen, der dem Sonnenlicht möglichst nahe ist. Oftmals werden diese Lampen als „Daylight“ bezeichnet. Im Zoohandel werden auch spezielle Leuchtstoffröhren angeboten, deren Spektrum für Reptilien optimiert ist. Es gibt die Leuchtstoffröhren in unterschiedlichen Längen, aber auch in unterschiedlichem Durchmesser; so stehen die dickeren T8- und die schmaleren T5-Röhren zur Auswahl. Für das Terrarium eignen sich besonders die T5-Röhren mit der Zusatzbezeichnung „HO“ für „High Output”. Diese benötigen spezielle Fassungen und Vorschaltgeräte und können als Fertigset erstanden werden; belohnt wird man durch sehr hohe Helligkeitswerte, die die T8-Röhren bei weitem übertreffen.

Idealerweise finden zwei T5 HO- oder vier T8-Leuchtstoffröhren (jeweils mit Reflektoren) im Bartagamenterrarium Verwendung, um die nötige Grundbeleuchtung zu gewährleisten.

## Helligkeits- und Wärmeinseln

Die Leuchtstoffröhren sorgen bereits für einen leichten Anstieg der Temperatur im Terrarium. Um den Körper aufzuwärmen und richtig verdauen zu können, benötigen die Bartagamen jedoch an mindestens einer Stelle im Terrarium deutlich höhere Temperaturen von 40–50°C. Hierzu verwendet man Spotstrahler. Da die Bartagamen Wärme mit Helligkeit verbinden und sehr hohe Helligkeitswerte für ihr Wohlbefinden benötigen, beleuchtet man diese Wärmeplätze noch zusätzlich (Khan et al. 2010).

Für die Wärme sorgen z.B. spritzwassergeschützte Spotstrahler, z.B. Concentra Par Spots (80–120W), Halopar 30 (75W), Sylvana Halogenspot (75W) oder andere Produkte aus dem Zoofachhandel. Diese befestigt man so am Terrariendeckel, dass die Bartagamen sie nicht erreichen können, da sie sich sonst schwere Verbrennungen zuziehen könnten! Man richtet sie idealerweise auf eine leicht erhöhte Stelle, die

▶ Abb. 155. Beweglicher HQI-Strahler. Foto: M. Decker

▲ Abb. 156. Halogenspotstrahler sind geeignet, um lokale Wärmeinseln zu schaffen. Foto: M. Decker

▲ Abb. 157. Ein Flügelgelenk dient der optimalen Ausrichtung auf den Sonnenplatz
▼ Abb 158. Fotos: M. Decker

sich auf einer Seite im Terrarium befindet. So können die Bartagamen später zwischen warmen und kühleren Bereichen im Terrarium auswählen. Die Temperaturen am Sonnenplatz (und nur dort!) sollen 40–50°C erreichen. Die restlichen Luft- und Bodentemperaturen sollten geringer sein, aber auch nicht so kühl, dass sich die Tiere ständig unter den Spotstrahler begeben müssen. Die Lufttemperatur sollte zwischen 27–30°C schwanken; idealerweise sollten die Agamen auch kühlere Rückzugsmöglichkeiten im Terrarium finden können.

Um für eine ausreichende Helligkeit mit sehr hohen Werten zu sorgen, muss der Platz zusätzlich hell ausgeleuchtet werden. Hierfür eignen sich HQI oder HCI-Lampen. Diese Hochdrucklampen sind sehr effizient und bereits bei 70–150 Watt werden im Bartagamenterrarium geeignete Helligkeitswerte erreicht. Neben speziellen Terraristikprodukten, findet man die HQI bzw. HCI Lampen auch im gut sortierten Lampenhandel oder oftmals sehr günstig gebraucht im Internet. Die Lampen sollten spritzwassergeschützt sein und müssen außerhalb der Reichweite der Tiere sicher befestigt werden. Die Kombination aus Wärme der Spotstrahler und der Helligkeit der HQI/HCI sorgt auf dem Sonnenplatz der Tiere für die richtigen Bedingungen. Sehr empfehlenswert sind Lampenhalterungen mit Gelenk, sodass eine optimale Ausrichtung möglich ist.

## UV-Bestrahlung

Zum natürlichen Spektrum des Sonnenlichts gehören Bestandteile im UV-Bereich, die zum Teil auch in der Terrarienbeleuchtung nachgestellt werden müssen. Gerade bei der Aufzucht der Jungtiere ist die Verwendung von UV für ein gesundes Knochenwachstum quasi unumgänglich; aber auch erwachsene Bartagamen sollten regelmäßig mit UVA (320–400 nm) und UVB (280–320 nm) bestrahlt werden.

Durch die UV-Bestrahlung wird die Agilität, Aufmerksamkeit und Fortpflanzungsbereitschaft erhöht; und zudem wird die Strahlung benötigt, um körpereigenes Vitamin $D_3$ zu produzieren, das zu einer Mineralisierung des Knochengewebes wichtig ist.

▲ Abb. 159. Metalldampflampen ("X-Reptile UV-MH") bieten neben großer Helligkeit auch UV-Anteile und sind somit für sonnenliebende Echsen sehr geeignet. Foto: O. Fischer

▲ Abb. 160. Eine "Bright Sun Desert" schafft hier eine Helligkeits- und Wärmeinsel und gibt zusätzlich UV-Licht ab. Foto: K. Grießhammer

Vitamin $D_3$ kann auch in synthetischer Form zugeführt werden. Hier liegen gesunde Dosis und Überdosierung jedoch recht nahe beieinander. Zusätzlich weisen neuere Untersuchungen darauf hin, dass Bartagamen mit Vitamin- und Kalziumversorgung – aber ohne UV-Bestrahlung – Entwicklungsstörungen zeigen und im Wachstum zurückbleiben können (Oonincx 2010). Aus diesen Gründen sollte eine geeignete Versorgung mit UV als Standard in der Bartagamenhaltung gelten. Es stehen hierfür verschiedene Möglichkeiten zur Auswahl.

Die Heimtierindustrie produziert verschiedene UV-Leuchtstoffröhren in unterschiedlichen Qualitäten. Die Reichweite der UV-Strahlung beträgt bei

Leuchtstoffröhren meist nur etwa 20 cm und nimmt mit der Einsatzdauer weiter ab. So sollten die Röhren zumindest einmal im Jahr ausgetauscht werden. Wenn die Bartagamen sich jedoch nicht oft im Strahlungsbereich aufhalten, muss auf eine andere Bestrahlung zurückgegriffen werden. Eine sehr gute Variante ist die Verwendung von UV-Spotstrahlern. Besonders empfehlenswert sind hierfür spezielle mit Vorschaltgerät zu betreibende Metalldampflampen, die sowohl für UV-Bestrahlung als auch für Wärme und Helligkeit sorgen. Diese sind u.a. mit den Handelsnamen „Bright Sun Desert“, „X-Reptile“ oder „Solar Raptor“ erhältlich. Sie sind eine Kombination aus HQI-Beleuchtung, UV-Bestrahlung und Wärmestrahler und schaffen so ideale Bedingungen für ein künstliches Sonnenbad.

## Falsche Beleuchtung eingekauft?

Es kann vorkommen, dass Einsteiger in das Hobby ungeeignete Beleuchtung erstehen. So sind manche Terrarien nicht ausreichend ausgeleuchtet oder nicht warm genug. Typisch für solche völlig unzureichend ausgestatteten Terrarien sind Kombinationen aus ein bis zwei Leuchtstoffröhren und einer Glühbirne. Selbst wenn es sich hierbei um spezielle Terraristikprodukte handelt, wird bei diesen Terrarien die Ausstattung nicht ausreichend sein. Hier muss schnell nachgebessert werden, da mangelhafte Wärme, unzureichende Helligkeit und fehlende UV-Bestrahlung schnell zu Gesundheitsproblemen bei den Agamen führen können. Falls nach einem Fehlkauf ein Umtausch nicht mehr möglich ist, muss man dennoch die Beleuchtungskörper austauschen. Sollte dies finanziell nicht umgehend möglich sein, sollte man zumindest sofort z.B. eine „Bright Sun Desert“ nachkaufen. Mit dieser Leuchte kann dann die Kombination aus Helligkeit/Wärme und UV-Bestrahlung gewährleistet werden. Die restlichen Beleuchtungskörper tauscht man dann nach und nach aus.

## Heizkabel, Heizmatten, Heizsteine?

Da die Bartagamen Wärme mit Helligkeit verbinden, ist es immer sinnvoll, das Terrarium über Beleuchtungskörper von oben zu beheizen.

Es gibt aber Situationen (z.B. Quarantäne), bei denen der Einsatz von Heizmatten zur teilweisen Bodenerwärmung sinnvoll sein kann. Heizkabel empfehlen wir nicht für das Bartagamenterrarium. Die Kabel können eine Gefahr für die Tiere darstellen, da sie sich in ausgegrabenen Kabelschlingen verheddern können und sich an ihnen erwürgen oder schwer verbrennen können. Die Verwendung von Bodenheizungen birgt folgendes generelles Problem: Im natürlichen Habitat heizen sich Boden, Sand oder Steine durch Absorption der

▲ Abb. 161. Bartagamen müssen die Möglichkeit haben, sich unter einem Spotstrahler aufzuwärmen. Foto: R. Pesch

Sonnenstrahlung auf. Wenn sich die Tiere in freier Wildbahn in den Boden eingraben, wird es umso kühler, je tiefer sie graben. Hat man im Boden des Terrariums aber eine Heizquelle installiert, verhält sich der Temperaturgradient genau entgegengesetzt: je tiefer, desto wärmer.

Einige Modelle von Heizsteinen erreichen nicht die notwendigen Temperaturen, während bei anderen heiße Stellen entstehen können, die bei den Tieren Verbrennungen verursachen. Bevor man solche Heizelemente im Terrarium installiert, sollte man jedoch immer überlegen, ob man nicht doch einfach weitere Spotstrahler installiert, da den Tieren die zusätzliche Helligkeit gut tun wird. Früher oft benutzte Keramikheizstrahler sollten im Bartagamenterrarium keine Verwendung finden. Sie heizen zwar die Lufttemperatur gut auf, geben aber keine Helligkeit ab und stellen eine häufige Verbrennungsquelle dar. In besonders kalten Nächten oder wenn sich der Standort des Terrariums in einem sehr kühlen Raum befindet, ist – gut abgeschirmt – eine Benutzung aber denkbar. Auch von Infrarotstrahlern muss abgeraten werden, da die Strahlung in tiefe Hautschichten vordringt und dort Verbrennungen hervorrufen kann.

Die Tiere müssen an der den Heizquellen gegenüberliegenden Seite genügend Möglichkeiten haben, sich in kühlere Bereiche zurückzuziehen. Besonders bei unverträglichen Tieren sollte jedes Exemplar mindestens einen gleichwertigen eigenen Wärmeplatz besitzen, der am Besten von den anderen mit einem Sichtschutz abgetrennt ist.

Es ist sehr wichtig, die Temperaturen (vgl. Temperaturangaben rechts) vor dem Einsetzen der Tiere an verschiedenen Plätzen im Terrarium zu messen! Lassen Sie das voll ausgestattete Terrarium einige Tage Probe laufen!

Die Temperaturen im Terrarium müssen auch nach dem Einsetzen der Tiere regelmäßig mit einem möglichst genauen Thermometer gemessen werden: Bartagamen benötigen für ihren Stoffwechsel die richtigen Temperaturen. An heißen Sommertagen können die Temperaturen auch im Terrarium stark ansteigen. Man muss in dieser Zeit also regelmäßig messen und, falls nötig, einzelne Beleuchtungskörper ausschalten. Bartagamen vertragen, wenn sie keine Rückzugsmöglichkeiten haben, nicht dauerhaft Temperaturen von über 40°C. Im Biotop können die Mikro- und Makroklimata extremere Werte erreichen, und es gibt immer wieder Schlechtwetterperioden. Deshalb bietet es sich an, auch im Terrarium zwischendurch einige kühlere Tage einzulegen, in denen man einfach einen Teil der Technik abschaltet.

▲ Abb. 162. Die Bartagamen dürfen nicht an die Terrarientechnik gelangen. Foto: M. Decker

▲ Abb. 163. Beispiel für die Verteilung der Temperaturzonen im Bartagamenterrarium.

**Check-up Beleuchtung/Temperatur:**

Um ausreichend **Helligkeit**, **Wärme** und **UV-Bestrahlung** zu erreichen, eignet sich eine Kombination aus HQI bzw. HCI, Leuchtstoffröhren, UV-Spotstrahlern und ggf. weiteren Spotstrahlern, um zusätzliche Wärmeinseln zu schaffen. Je nach lokalen Gegebenheiten (Terrariengröße, Baumaterial, Umgebungstemperatur, Einrichtung) sind individuelle Lösungen nötig.

**Temperatur:** Luft- und Bodentemperaturen sollten sich in einem Bereich von 27°–30°C einpendeln, auf den Wärmeinseln sollten 40–50°C erreicht werden. Die Tiere müssen kühlere Rückzugsmöglichkeiten finden können.

Mit Zeitschaltuhren, die ein unverzichtbares Hilfsmittel der Terrarientechnik sind, sollte eine **Beleuchtungsdauer** von 12–14 Stunden (je nach Jahreszeit 14 Stunden im Hochsommer) eingestellt werden. Mit mehreren Zeitschaltuhren sollten die Beleuchtungskörper nach und nach ein- bzw. ausgeschaltet werden, um Sonnenaufgang und -untergang zu simulieren.

**Stromkosten:** Bei der Haltung von Bartagamen werden leistungsstarke Elemente benötigt und 300–500 Watt sind schnell erreicht. Berechnung der zusätzlichen Stromkosten:
Wattzahl in kW x Betriebsstunden am Tag x kWh Preis = Stromkosten / Tag
Wenn man z.B. 500 Watt (0,5kW) 12 Stunden am Tag verwendet und der Strompreis bei 0,20 € pro kWh liegt ergibt sich eine zusätzliche Belastung von 1,20 € pro Tag.

## Luftfeuchtigkeit

Die relative Luftfeuchtigkeit sollte im Terrarium tagsüber nur 30–40% und nachts 50–60% betragen. Werte über 60% sind zu vermeiden, da Bartagamen Bewohner aus Trockengebieten sind. Etwa zweimal pro Woche sollte etwas gesprüht werden, vorzugsweise während der Hauptaktivitätszeit der Tiere (z.B. am Vormittag). Die Tiere lecken dann häufig die Tropfen ab. Wichtig ist, dass das Terrarium nach kurzer Zeit wieder trocken ist. Staunässe darf nicht entstehen, da ansonsten Pilzerkrankungen gefördert werden (vgl. S. 233). Sinnvoll ist es, einen kleinen! feuchten Bereich, z.B. eine Höhle, einzurichten. Hierzu reicht es, den Bodengrund unter einer Höhle mäßig zu befeuchten.

## Einrichtung

Das Einrichten des Terrariums ist von besonderer Bedeutung. Man schafft ein künstliches Kleinbiotop, in dem die Bartagamen einen Großteil ihres Lebens verbringen werden. Nicht selten findet man Bartagamen in "sterilen Terrarien". Hier fristen die Tiere ihr Dasein unter Bedingungen wie in einem Quarantäneterrarium. Ist diese Art der Haltung aus Gründen der Hygiene noch zu verstehen, so ist sie doch wenig artgerecht. Die Tiere müssen möglichst viele natürliche Verhaltensweisen ausleben können, und das Terrarium sollte dem Pfleger gefallen.

▼ Abb. 164. Zur Terrarieneinrichtung gehören viele Strukturelemente, die als Sichtschutz dienen, sowie Versteck- und Klettermöglichkeiten.

## Bodengrund

Die Bartagamen haben ständigen Kontakt zum Bodengrund und alleine aus diesem Grund sollte dieser sinnvoll gewählt sein. Es können zahlreiche Materialien verwendet werden. Spielsand mit Lehmbeimischung, spezieller Terrariensand, oder Sand-Gartenerde-Mischungen eignen sich.

Kleintierstreu und Rindenmulch sind ungeeignet und können zu lebensgefährlichen Verstopfungen führen!

Sollten die Bartagamen mit ihren Füßen im Sand einsinken, ist der Bodengrund zu weich. Besonders bewährt hat sich lehmhaltiger Sand. Man kann diesen im Zoohandel kaufen oder selbst anmischen. Hierzu eignet sich Spielsand, den man mit Lehmpulver mischt. Lehmpulver erhält man im Zoohandel oder bei Internethändlern. In Abhängigkeit von dem Lehmpulver und dem verwendeten Sand, mischt man beides gut durch (meist im Verhältnis 1:5 bis 1:10 Lehmpulver:Sand) und fügt ein wenig Wasser hinzu. Den feuchten Sand bringt man dann in das Terrarium ein und lässt ihn trocknen. Nach wenigen Tagen hat man eine stabile Sandoberfläche, auf der die Agamen gut laufen können und die einfach zu reinigen ist. Trotzdem können die Agamen mit ihren Krallen in dem Substrat graben. Wichtig ist, dass das Bodensubstrat völlig giftfrei ist.

▲ Abb. 165. Das Terrarium sollte so groß wie möglich sein und mit Ästen, Wurzeln und Steinen ausgestattet werden. Foto: U. Dost

▲ Abb. 166. Der Bodengrund sollte etwas lehmhaltig sein, damit die Bartagamen nicht mit den Füßen einsinken. Foto: K. Grießhammer

▼ Abb. 167. Grabende Bartagame im Terrarium. Foto: M. Decker

Einige Individuen graben viel und legen auch Höhlen an, während andere nur gelegentlich oder zur Eiablage graben. Um den Tieren das Anlegen von Höhlen zu ermöglichen, benötigt man ein Material, das seine Form behält und nicht einstürzt.

> Wer das Terrarium aus Gewichtsgründen nicht 20–30 cm auffüllen möchte, kann ein ausreichend dimensioniertes (je nach Größe der Tiere 20x20x20 cm bis 60x30x20 cm, LBH) Gefäß ins Terrarium stellen, das mit leicht feuchtem Substrat gefüllt ist und somit auch für die Eiablage geeignet ist.

Im Ursprungsland überwiegen bräunliche, gelbliche und rötliche Erdfarben. Bunt eingefärbte Substrate können jedoch nicht empfohlen werden.

▲ Abb. 168. Jungtier auf natürlich aussehendem Bodengrund. Foto: K. Grießhammer

## Klettermöglichkeiten

Wenn Bartagamen auch lange Zeit des Tages nur "ruhig herumliegen", haben sie dennoch einen gewissen Bewegungs- und Kletterdrang. Einige große Kletteräste sollten deshalb in jedem Terrarium vorhanden sein. Die Äste sollten sowohl horizontal als auch senkrecht angebracht werden, mindestens den Körperumfang der Bartagamen aufweisen und eine raue Rinde haben, so dass sich die Tiere ohne Probleme daran festhalten können.

Sehr geeignet ist die Rinde der Korkeiche, die sehr robust ist und zugleich Versteckplätze bieten kann. Auch von einem Spaziergang mitgebrachte Äste

▲ Abb. 169. Bartagamen klettern gerne. Foto: Y. Krämer

▲ Abb. 170. Äste von Obstbäumen sind sehr gut geeignet. Foto: K. Grießhammer

▲ Abb. 171. Die Rinde der Kletteräste sollte möglichst rau sein. Foto: K. Grießhammer

▲ Abb. 172. Auf dicken Kletterästen läßt es sich gut klettern (*P. vitticeps*). Foto: U. Schuster

erfüllen natürlich ihren Zweck. Sie dürfen jedoch nicht von giftigen Bäumen stammen, da Einzeltiere beobachtet werden konnten, die sich Stücke der frischen Rinde abzogen und fraßen (GRIESSHAMMER unveröff.). Gut geeignet sind Äste von Eichen und Obstbäumen.

Unsere Meinung ist, dass sowohl in der Literatur als auch bei den meisten Pflegern die Kletterfreude der Bartagamen unterschätzt wird. In freier Wildbahn halten sich die Agamen sehr gerne auf erhöhten Stellen auf. Viele Bartagamen-Terrarien sind aber leider für reine Bodenbewohner eingerichtet.

Kräftige Kletteräste werden von den Tieren gerne aufgesucht und dürfen nicht fehlen!

Aufbauten aus echten Steinen sehen optisch schön aus, sind jedoch sehr schwer und können, wenn sie nicht absolut einsturzsicher verbunden wurden, eine Gefahr für die Tiere darstellen.

▲ Abb. 173. Schon vor dem Einbringen des Bodengrundes wurden die Steine mit Backsteinen unterlegt, damit sie nicht untergraben werden können. Foto: M. Decker

▲ Abb. 174. Große Steine müssen zur Sicherheit auf dem Terrariengrund aufliegen (Jungtiere von *P. vitticeps*). Foto: U. Dost

▶ Abb. 175. Bartagamen lieben erhöhte Liegeplätze. Foto: K. Grießhammer

▼ Abb. 176. Hier bilden Korkstämme erhöhte Plätze, die von den Bartagamen gerne genutzt werden (hier trächtiges Weibchen von *Pogona vitticeps*). Foto: M. Decker

▲ Abb. 177. Höhlen als Versteckplätze sollten im Terrarium vorhanden sein. Foto: M. Konrad

## Versteckplätze und Sichtschutz

Auch wenn sie nicht von allen Tieren angenommen werden, sollten sich im Terrarium Höhlen als Versteck- und Rückzugsplätze finden. Neben den bereits erwähnten Korkröhren eignen sich zahlreiche Varianten. Damit sich die Tiere wirklich sicher fühlen, sollten die Höhlen nicht zu groß sein. Im Idealfall sollten die Agamen gerade so in das Versteck hineinpassen. Einige andere Strukturelemente z.B. Wurzeln geben den Bartagamen Sichtschutz. Sie dürfen jedoch die Lauffläche der Bartagamen nicht zu stark einschränken und müssen direkt auf den Terrarienboden gelegt werden, da sie sonst untergraben werden und die Tiere erdrücken können.

▲ Abb. 178. Korkröhren eignen sich gut als Rückzugsplätze (*P. mitchelli*). Foto: R. Pesch

▼ Abb. 179. Wurzeln im Terrarium sind sehr dekorativ. Foto: N. Smyrek

▲ Abb. 180. Große Wurzeln geben Sichtschutz. Foto: E. Endrich

▼ Abb. 181. Strukturelemente erhöhen den Aktionsradius im Terrarium. Foto: N. Smyrek

## Pflanzen

Echte Pflanzen sehen im Terrarium schön aus und heben die Luftfeuchtigkeit leicht an, sie haben es bei Bartagamen jedoch nicht leicht. Sie werden durch das Gewicht der Tiere gedrückt, angefressen und durch Grabetätigkeiten in Mitleidenschaft gezogen. Entscheidet man sich für echte Pflanzen, muss man darauf achten, nur derbe und ungiftige Arten zu verwenden, die sich am Besten außerhalb der Reichweite der Tiere befinden.

Wenn man die Pflanzen in Töpfen ins Terrarium integriert, kann man sie gießen, ohne den kompletten Bodengrund zu durchnässen. Man sollte auch einige Steine auf den Topf legen, um die Bartagamen davon abzuhalten, die Wurzeln

▲ Abb. 182. Schön eingerichtete Terrarienanlage im Baseler Zoo. Foto: K. Grießhammer

**Check-up Einrichtung:**

- ✓ Das Terrarium muss ausreichend grabfähiges Substrat und zahlreiche Klettermöglichkeiten aufweisen.
- ✓ Im Terrarium müssen exponierte Sitzplätze, aber auch mehrere Versteckplätze vorhanden sein.
- ✓ Sichtschutz, viele Strukturelemente, aber auch freie Laufflächen müssen vorhanden sein.
- ✓ Eine Wasserstelle und eine Schale mit Sepia-Bröckchen müssen vorhanden sein.
- ✓ Eiablagemöglichkeiten (bei Weibchen) müssen zur Verfügung stehen.

auszugraben. Nach einigen Monaten muss man den meisten Pflanzen eine Erholungsphase außerhalb des Terrariums gönnen und sie herausnehmen. Geeignete Pflanzen für das Terrarium sind z.B. *Callisia repens* (Golliwoog), *Echeveria* (Hauswurz) und *Crassula* (Geldbaum) (Busch 2009). Auch Plastikpflanzen können Verwendung finden. Sie müssen allerdings so robust sein, dass die Bartagamen sie nicht anfressen können und dürfen nicht abfärben. Trockene Grasbüschel oder interessant geformte Wurzeln erhöhen das natürliche Aussehen der Terrarieneinrichtung.

▲ Abb. 183. Hier dient eine Pflanze (Golliwoog) im Terrarium der Nahrungsaufnahme. Foto: V. Mueller

## Flüssigkeitsaufnahme

Als Bewohner trockener Gebiete mussten die Bartagamen Strategien entwickeln, um an Wasser zu gelangen und hiermit sparsam umzugehen. Einen großen Teil der benötigten Flüssigkeit erhalten die Tiere mit ihrer Nahrung. Sie lecken aber auch den morgendlichen Tau und (wenn vorhanden) auch aus anderen Wasseransammlungen. Mit ihren Exkrementen scheiden sie die Harnsäure sehr konzentriert aus und sparen so Flüssigkeit. Im Terrarium muss den Bartagamen ein Napf mit frischem Wasser zur Verfügung gestellt werden.

Das Thema Flüssigkeitsaufnahme wird häufig vernachlässigt und so resultiert ein erschreckend großer Teil der Erkrankungen aus chronischem Wassermangel – und das selbst bei Tieren, denen Wasser täglich in Schalen angeboten wird!

Es ist wichtig, dass die Bartagamen über feuchtes Futter und ausreichend getrunkenes Wasser viel Flüssigkeit aufnehmen. Es kommt immer wieder vor, dass die Tiere die stehende Wasserfläche nicht erkennen. Wenn man im Terrarium aber mit Wasser sprüht (nur ca. zweimal pro Woche am Vormittag), lecken die Tiere oftmals und trinken dann auch aus dem Napf. Auch eine Tropftränke, die in die Wasserschale tropft, erleichtert den Tieren das Finden der Wasserstelle.

▲ Abb. 184. Bartagame (*P. vitticeps*) beim Trinken. Foto: N. Smyrek

Der Wassernapf darf nur so hoch sein, dass die Agamen, wenn sie am Rand stehen, den Kopf hinein halten können. Idealerweise sollte der Napf so groß sein, dass sich die Agamen komplett hineinlegen können. Es ist eine oft gemachte Terrarienbeobachtung, dass badende Bartagamen viel Flüssigkeit aufnehmen.

Das angebotene Wasser sollte täglich gewechselt werden, je nach Verschmutzungsgrad auch häufiger, denn mit Fäkalien verschmutztes Trinkwasser ist schädlich für die Tiere.

Überprüfen Sie regelmäßig, ob Ihre Tiere genügend Flüssigkeit zu sich nehmen! Sollten die Bartagamen nicht lernen, aus einer Schale zu trinken, sollte man mindestens jeden zweiten Tag Wasser anbieten. Mit der Sprühflasche oder mit der Pipette tropft man langsam

▲ Abb. 185. Bartagame (*P. henrylawsoni*) beim Trinken von Sprühwasser, das am Stamm herabrinnt. Foto: M. Raatz

▲ Abb. 186. Diese Bartagame hat gelernt, aus der Schale zu trinken. Foto: K. Grießhammer

Wasser auf die Schnauze der Agame. Dies ist vor allem auch für Jungtiere empfehlenswert. Wenn man die Tiere vorsichtig mit temperiertem Wasser ansprüht, kann manchmal beobachtet werden, dass sie den Kopf absenken, um das den Körper hinablaufende Wasser über die Maulspalten aufzunehmen bzw. aufzulecken (FITZGERALD 1983).

## Ernährung

Bartagamen sind sogenannte Lauerjäger. Sie sind nicht wie z. B. Vertreter der Warane einen großen Teil ihres Tages auf der Suche nach Nahrung, sondern warten, bis sich lohnende Beute ihrem Gesichtsfeld nähert. Diese Methode spart Energie und ermöglicht es den Tieren, auf Feinde oder Rivalen zu achten, die sich ihrem Revier nähern.

Bartagamen ernähren sich in ihrer Heimat Australien omnivor, d. h. sie sind potentielle Allesfresser und nehmen sowohl tierisches als auch pflanzliches Futter auf. Das Nahrungsspektrum besteht zum einen aus Insekten, Gliedertieren, Spinnen, Kleinsäugern, Reptilien und zum anderen aus Kräutern, Blättern, Gräsern, Samen, Blüten und Früchten. Unter Freilandbedingungen nehmen Jungtiere einen höheren Anteil tierischer Nahrung zu sich, während adulte Bartagamen sich hauptsächlich von pflanzlicher Kost ernähren (MACMILLEN et al. 1989). Es können aber geografische, artspezifische und saisonale Unterschiede in den Ernährungsgewohnheiten freilebender Bartagamen angenommen werden.

Wir können den Bartagamen im Terrarium nicht das breitgefächerte Angebot an Futtersorten bieten, welches sie in der Natur vorfinden, müssen aber die Palette so abwechslungsreich wie möglich gestalten.

▲ Abb. 187. Die Fütterung mit Insekten bringt Abwechslung in den Terrarienalltag. Foto: G. Köhler

Idealerweise erfolgt die Fütterung vormittags. So haben die Bartagamen genügend Zeit zu jagen und zu verdauen.

## Tierische Nahrung

Ausgewachsenen Bartagamen bietet man ungefähr alle zwei bis drei Tage Futterinsekten an und an den restlichen Tagen pflanzliche Kost. Eine pauschale Angabe über die täglich benötigte Futtermenge zu treffen, ist kaum möglich. Die Tiere sind meist sehr gierig und manch ein Exemplar frisst so große Mengen, dass es sich noch während der Futteraufnahme wieder übergeben muss. In freier Wildbahn fressen Bartagamen soviel sie können, da sie nie "wissen", wann sie die nächste Mahlzeit erwarten können und wie lange sie von ihrem Fettvorrat zehren müssen. Im Terrarium muss man aufpassen, dass man die Tiere nicht überfüttert. Ein bis zwei Fastentage pro Woche sollten eingelegt werden. Die Tiere sollten bei ausgewogener und mäßiger Ernährung nicht dick erscheinen. Lebende Insekten zu halten, anzufüttern und schließlich diese wieder zu verfüttern, mag für den Anfänger in der Terraristik ungewohnt sein, aber es ist unabdingbar für die erfolgreiche Haltung. An tierischer Nahrung können Bartagamen die üblicherweise käuflich erwerbbaren Futterinsekten erhalten, vor allem Heimchen, Grillen, Heuschrecken, Schaben und Schwarzkäferlarven ("Zophobas").

▲ Abb. 188. Nur gut genährte Insekten sind gesund. Diese Grillen erhalten ein Gemisch aus Karotten, Löwenzahn, Matzinger Hundeflocken und Korvimin. Foto: G. Köhler

Nachtaktive Futterinsekten können den schlafenden Tieren, gerade den Jungtieren, zur Gefahr werden, wenn sie die Bartagamen nachts anknabbern. Um dies zu verhindern, versucht man, nicht gefressene Insekten herauszufangen oder legt diesen ein Stück Karotte in das Terrarium.

Im Zoohandel gibt es sehr viele unterschiedliche Futterinsektenarten, welche auch per Versand abonniert werden können. Viele davon lassen sich auch leicht selbst züchten. Wichtig ist, für Abwechslung zu sorgen und den Bartagamen verschiedene Futtertiere anzubieten. Über die Futtertierzucht, die einen unabhängig von Engpässen macht und die Qualität sichert, gibt es ausführliche Fachliteratur (FRIEDERICH & VOLLAND 1992, FRYE 2003). Es ist erforderlich, allen Futtertieren gutes und vitaminreiches Futter anzubieten, da sie sonst zu wenig Nährstoffe enthalten.

Futtertiere aus dem Handel müssen ein paar Tage lang hochwertig ernährt werden, da oftmals die letzte Fütterung dieser Insekten Tage zurückliegt. So wird der Verdauungstrakt der Insekten mit Nährstoffen gefüllt (im Englischen als "gut-loading" bezeichnet), was den Bartagamen, die die Insekten fressen, zugute kommt.

Zur Fütterung der Insekten eigenen sich Hundeflocken, Teichfischfutterpellets, Fischfutterflocken, Hefeflocken und feuchte Bestandteile wie Obststücke, Gemüse, Wiesenkräuter oder Blätter. Alle Futterpflanzen, die für die Bartagamen geeignet sind, können auch in der Futterinsektenernährung verwendet werden. Sie müssen natürlich frei von Insektiziden sein! Ein weiteres von den meisten Futterinsekten gut angenommenes und empfehlenswertes Futter ist Kükenaufzuchtfutter. Diese Pellets werden mit Wasser vermengt, bis sie eine leichte Sämigkeit erreicht haben und werden in kleinen Schalen an die Insekten verfüttert. Mittlerweile bietet auch die Industrie zahlreiche Varianten von Nährlösungen für Futterinsekten an.

Viele Halter züchten sich einen Teil ihrer Futtertiere selbst. So sind sie unabhängiger von der Versorgung mit kommerziell gezüchteten Futtertieren, haben einen guten Überblick über den Ernährungszustand der eigenen Futtertiere, und nebenbei kann so einiges an Futterkosten eingespart werden.

▲ Abb. 189. In einer "Terrabox" lassen sich gekaufte Insekten gut halten und füttern. Foto: G. Köhler

## Übersicht: Futtertiere

**Grillen- und Heimchenarten** (Grylloidea) eignen sich in ihren unterschiedlichen Wachstumsstufen insbesondere für die Aufzucht von Jungtieren und die kleineren Bartagamenarten, aber auch für die großen Arten stellen sie die beliebtesten und geeignetsten Futtertiere dar. Sie können bei ausreichenden Versteckplätzen und hochwertigem Futter gut gehalten und leicht vermehrt werden. Sie sind jedoch stets fluchtbereit und versuchen, sich sofort im Terrarium zu verstecken. Entkommene Exemplare können aufgrund ihrer Zirpgeräusche oder sogar durch Vermehrung in der Wohnung zum Problem werden.

Abb. 190. Steppengrillen

Die bis zu 5 cm großen Schwarzkäferlarven, ***Zophobas morio***, können gelegentlich in einer kleinen Schale verfüttert werden. Sie lassen sich bis zu mehreren Monaten z. B. in Heimtierstreu, Torf oder Sand halten und problemlos anfüttern. Die Schwarzkäferlarven verfüttert man am besten direkt nach der Häutung, wenn ihr Chitinpanzer noch weich ist. Die Käfer, die bis 3,5 cm messen und eine übelriechende Substanz absondern können, werden meist nicht gefressen.

Abb. 191. *Zophoba morio*

Abb. 192. Wüstenheuschrecke

**Wanderheuschrecken und Wüstenheuschrecken** werden von den Bartagamen sehr gerne angenommen. Sie werden zum Anfüttern und zur Aufbewahrung in kleinen beleuchteten und beheizten Terrarien oder Gazekäfigen gehalten. Wander- und Wüstenheuschrecken stellen in der Wohnung keine Schädlinge dar, da sie sich aufgrund der fehlenden Nahrungsgrundlage nicht vermehren können. Sie zeichnen sich durch ihr lebhaftes Fluchtverhalten aus, mit dem sie ein beliebtes Jagdziel sind. Weitere Vorteile sind ihre Tagaktivität und ein hoher Nährwert.

Abb. 193. "Mehlwürmer".

Trotz der einfachen Verfügbarkeit und des günstigen Preises sollte die Verfütterung von "**Mehlwürmern**" (Mehlkäferlarven) vermieden werden, da diese sehr fettreich sind, ein ungünstiges Kalzium-Phosphor-Verhältnis und eine harte, schwer verdauliche Chitinhülle besitzen, die zu Verstopfungen führen kann. Frisch gehäutet, im Larvenstadium und als Käfer, können sie gelegentlich als Abwechslung angeboten werden. Will man die Mehlwürmer für längere Zeit halten, stellt man sie in den Kühlschrank, da sie sich sonst rasch verpuppen. Nimmt man sie aus dem Kühlschrank und hält sie leicht warm, kann man bald eine große Menge frischgehäuteter Tiere verfüttern. Warm gehalten und gut angefüttert, verpuppen sich die Larven bald und nach etlichen Tagen wandeln sie sich zu Käfern um, die gerne gefressen werden.

Viele Bartagamen entwickeln eine Vorliebe für **Wachsmottenlarven** (Wachsraupen). Auch die fertig entwickelten Motten werden gerne gefressen. Allerdings sind Wachsmotten sehr fett und sollten nur gelegentlich verfüttert werden. Die Raupen werden in einem speziellen Nährsubstrat gehältert. Sie sollten nur gelegentlich als Leckerbissen oder an unterernährte Bartagamen verfüttert werden. Gerade Nahrungsverweigerer lassen sich mit Wachsmottenlarven oft wieder zum Fressen bewegen.

Abb. 194. Wachsmottenlarven.

Abb. 195. Argentinische Schaben

Es werden auch verschiedene **Schabenarten** für die Reptilienernährung angeboten. In einem leicht angewärmten Behältnis mit vielen Verstecken können sie gut gehalten werden. Die im Handel angebotenen Arten sind meist größer und behäbiger in ihrem Wesen als die bei uns vorkommenden Arten. Bei uns vorkommende, gefangene Arten dürfen nicht verfüttert werden, da diese oft mit Insektiziden belastet sind und außerdem in der Wohnung zur Plage werden können.

▲ Abb. 196. Schaben werden sehr gerne angenommen. Foto: M. Konrad

## Schabenzucht:

Argentinische Waldschaben (*Blaptica dubia*) sind für die eigene Zucht sehr gut geeignet. Als Zuchtbehältnis eignen sich Plastikboxen, da die Waldschaben nicht an glatten Flächen hochklettern können. Die beflügelten Männchen sind jedoch in der Lage kurze Strecken zu fliegen, weshalb man einen Deckel verwenden sollte. Um die Box gut zu durchlüften, sollte man etliche Lüftungslöcher in das Plastik bohren oder Abschnitte aus dem Plastik herausschneiden und Fliegengitter sicher befestigen. Es ist darauf zu achten, dass die Luftlöcher so klein sind (oder an unerreichbaren Stellen angebracht sind), dass keine Jungschaben entkommen können.

Abb. 197-199. Einrichtung eines Zuchtbehälters für Schaben.

Als Bodensubstrat und gleichzeitig Bestandteile des Futters der Schaben haben sich Flockenfutter (u.a. „Matzinger Hundeflocken“, Haferflocken und Früchtemüsli) bzw. Teichfutterpellets bewährt. In der Substratschicht können sich die Schaben verstecken und recht ausgewogen ernähren. Um weiteren Aktionsraum und Versteckplätze zu schaffen, stapelt man am besten Eierkartons ineinander. Diese sind schön griffig und können leicht ausgetauscht werden.

Damit die Schaben Feuchtigkeit aufnehmen und eine Abwechslung auf dem Speiseplan haben, wird ihnen etwa zweimal in der Woche Feuchtfutter angeboten. Hier kann alles verwendet werden, was auch die Bartagamen fressen dürfen. Besonders geeignet sind geriebene Karotten, Apfelstückchen und vieles mehr. Wichtig ist, dass das Schabenfutter insektizidfrei ist. Die Schaben sollen trocken gehalten werden, da eine zu feuchte Haltung zu einer Geruchsbildung in der Zuchtbox und einer Ansiedelung mit Milben führen kann. Man bietet daher das Feuchtfutter in flachen, auch von Jungschaben gut erreichbaren Schalen an. Die Futterportionen sollten so gewählt sein, dass sie über Nacht aufgefressen werden. Sollte die Zuchtbox beschlagen, sollte man prüfen ob man zu häufig oder in zu großen Mengen Feuchtfutter anbietet oder ob zusätzliche Belüftungslöcher angebracht werden sollten. Damit die argentinischen Waldschaben erfolgreich Nachzuchten produzieren, müssen sie warm gehalten werden. Temperaturen von 28–30° haben sich hierbei in der Praxis als ideal erwiesen. Viele erfolgreiche „Schabenselbstversorger" stellen ihre Zuchtbox einfach auf das Terrarium, um die Abwärme der Beleuchtung zu nutzen. Alternativ kann auch eine Heizmatte mit etwa 10 Watt verwendet werden. Diese ist für eine durchschnittliche Boxengröße ausreichend. Schaben erhält man auf Reptilienbörsen ebenso wie bei zahlreichen gewerblichen und privaten Züchtern in diversen Internetangeboten. Um für ein bis zwei Bartagamen immer selbst gezüchtete Schaben verfügbar zu haben, sollte man mit einer Mischung aus mindestens 100 adulten und 100 subadulten („mittleren") Schaben beginnen. Nachdem man die Schaben in die Zuchtbox eingesetzt hat, gönnt man ihnen einige Wochen Ruhe bei guter Fütterung und warmer Haltung.

Abb. 200. Weibchen sind etwas breiter und haben keine Flügel. Hier: beim Aushärten der Oothek.

Spätestens nach wenigen Wochen sieht man die ersten Jungtiere. Argentinische Waldschaben legen keine Eier frei ab. Sie tragen die Eier in einem Kokon, der sogenannten Oothek, aus. Bei den Weibchen kann man beobachten, wie sie die Oothek außerhalb des Körpers aushärten lassen. Wenn dieser Vorgang abgeschlossen ist, ziehen sie sie wieder in eine Genialtasche in ihrem Hinterleib ein und führen sie mit sich, bis es zum Schlupf kommt. Die Weibchen entlassen dann nach einigen Tagen etliche junge Schaben. Wenn man in der Zuchtbox eine ausreichende Menge Schaben jeder Größe entdeckt, kann man mit der Verfütterung beginnen. Lediglich adulte Weibchen sollte man nicht in zu großer Zahl verfüttern, da diese für den Nachwuchs sorgen und viel Harnsäure enthalten. Männchen hingegen können etliche Weibchen befruchten. Zu groß sollten die Futtertiere ohnehin nicht sein und die Bartagamen haben sicher mehr davon, wenn sie etliche eingestäubte kleine und mittlere Schaben erbeuten können. Wer sich nicht getraut, die Schaben frei in das Terrarium zu werfen, kann die recht trägen Futtertiere auch mit einer Futterpinzette oder in einer glattwandigen Schale anbieten.

Man sollte immer darauf achten, ein ausgewogenes Verhältnis der Schabengenerationen zu behalten, sonst kann es einem passieren, dass mit der Zeit zu wenige adulte Tiere nachgewachsen sind, die für Vermehrung sorgen können! Wenn man merkt, dass die Produktivität der Zucht nachlässt, sollte man zunächst prüfen ob sich noch genügend adulte Zuchttiere beiderlei Geschlechts in der Zuchtbox befinden. Oftmals bringt eine Erhöhung des Proteinanteils der Ernährung, beispielsweise mit Fischflockenfutter oder getrocknetem Katzenfutter, wieder Schwung in eine träge Zucht. Wenn die Vermehrung sehr gut läuft, darf man sich nicht dazu hinreißen lassen, die Bartagamen zu überfüttern oder nur noch die Waldschaben anzubieten. Mehrmals pro Jahr, spätestens falls es zu einer Geruchsentwicklung in der Schabenbox kommt, wird die Box gereinigt und das Bodensubstrat und die Eierkartons komplett ausgetauscht.

Abb. 201. Weibchen mit Jungtieren.

Abb. 202. Männliche Schabe.

Argentinische Schaben lassen sich leicht vermehren, können weder springen noch an glatten Flächen klettern, werden von den meisten Bartagamen gerne angenommen, können sich frei in der Wohnung nur in seltenen Ausnahmefällen vermehren, „zirpen“ nicht und sind bei richtiger Haltung geruchlos. Wenn man es also schafft, die Scheu vor der Schabe abzulegen, ist eine eigene kleine Schabenzucht durchaus eine Überlegung wert! Hinweis: Auch wenn eine Vermehrung von entkommenen Argentinischen Waldschaben in der Wohnung so gut wie ausgeschlossen ist, sollte man dennoch stets darauf achten, dass die Zuchtbox sicher verschlossen und gegen Umfallen gesichert wird. Auch sollte man ausschließen, dass bei der Verfütterung Schaben entkommen können. Zur Sicherheit sollte man eine oder mehrere Schabenfallen aufstellen.

▲ Abb. 203. Schaben kann man auch mit einer Pinzette verfüttern, da sie sich schnell verkriechen. Ansonsten bildet die Jagd auf Insekten eine interessante Abwechslung im Terrarium. Foto: K. Grießhammer/M. Decker

## Inhaltsstoffe einiger tierischer Futtersorten

| | Eiweiß g/100g | Fett g/100g | Kohlenhydrate g/100g | Calcium mg/100g | Phosphor mg/100g | Ca:P |
|---|---|---|---|---|---|---|
| **Insekten** | | | | | | |
| Heimchen | 18,5 | 6,3 | 2,6 | 470 | 940 | 1,0:2,0 |
| Heuschrecke | 22,9 | 3,6 | 2,8 | 75,8 | 386 | 1,0:5,1 |
| Kurzflügelgrille | 17,3 | 6,0 | 1,7 | 36 | 90 | 1,0:2,5 |
| Mehlkäfer | 18,9 | 9,8 | 2,6 | 11 | 78 | 1,0:7,1 |
| Mehlwurm | 21,0 | 15,5 | 0,9 | 7 | 59 | 1,0:8,4 |
| Mittelmeergrille | 19,7 | 5,4 | 1,3 | 14 | 99 | 1,0:7,1 |
| Schabe | 35,6 | 6,8 | 1,8 | 20 | 50 | 1,0:2,5 |
| Seidenraupe | | | | 34 | 62 | 1,0:1,8 |
| Steppengrille | 17,4 | 6,2 | 1,8 | 36 | 90 | 1,0:2,5 |
| Wachsraupe | 16,6 | 23,1 | 1,7 | 11 | 62 | 1,0:5,6 |
| Zophobalarven | 19,8 | 17,5 | 1,1 | 16 | 59 | 1,0:3,7 |
| Zweifleckgrille | 19,6 | 4,8 | 2,1 | 230 | 740 | 1,0:3,2 |
| **Weitere Tierische Kost:** | | | | | | |
| Sepiaschale | 0,01 | 0 | 0 | 306 | 37 | 8,3:1 |
| Maus (7-8 Tage)* | 44,2 | 30,1 | 2,9 | 140 | 180 | 1,0:1,3 |
| Maus (1-2 Tage)* | 64,2 | 17,0 | 1,7 | 160 | 90 | 1,7:1,0 |
| Tauwurm | 12,1 | 1,5 | 1,5 | 152 | 96 | 1,6:1,0 |

Quellen: Dierenfeld et al. 2002, Smyrek pers. Mitt. 2012; New Jersey Feed Lab. pers. Mitt. 2007

*Mäuse sollten generell nicht verfüttert werden, außer evtl. bei Trächtigkeit.

Im Sommer bietet sich zur Fütterung auch das sogenannte Wiesenplankton an. Die meisten bei uns freilebenden und weder giftigen noch geschützten Insekten eignen sich für die Ernährung der Bartagamen. Gelegentlich werden auch kleine Gehäuseschnecken (1 cm oder kleiner) angenommen. Der Terrarianer muss jedoch abwägen zwischen hervorragenden Futtertieren und der Gefahr, insektizidbelastete Insekten zu verfüttern. So werden Insekten grundsätzlich nicht von potentiell belasteten Standorten gesammelt.

▲ Abb. 204. Heimische Insekten sind sehr gesund, jedoch sind bei der Verfütterung einige Aspekte zu beachten. Foto: K. Grießhammer

▲ Abb. 205. Anstatt mit der Pinzette füttern lieber jagen lassen. Foto: K. Grießhammer

▶ Abb. 206. *P. vitticeps* hat eine Heuschrecke erbeutet. Foto: G. Köhler

Bartagamen sollen nur äußerst selten, z.B. während der Trächtigkeit oder nach zehrenden Krankheiten, zusätzlich mit einer kleinen nestjungen Maus gefüttert werden, da sonst die Gefahr einer Fettleber und Nierengicht besteht. Eingefrorene Mäuse sind im Zoohandel erhältlich und müssen vor dem Verfüttern vollständig aufgewärmt werden (30–35°C). Solange die Bartagamen einen guten Ernährungszustand haben, ist die Verfütterung von Mäusen nicht notwendig.

Die Jagd auf flinke Insekten ist für die Tiere eine positive Ablenkung im reizarmen Terrarienalltag und sollte den Bartagamen gegönnt werden. Eine Fütterung mit der Hand oder von der Pinzette sollte nur zur gezielten Verabreichung, beispielsweise von Vitaminen, durchgeführt werden.

## Pflanzliche Nahrung

Die Palette möglicher pflanzlicher Futtermittel für Bartagamen ist groß. Es eignen sich die unterschiedlichsten Wildkräuter, Sprossen, Blätter, Blüten, Gemüse und Früchte. So werden die Tiere mit Feuchtigkeit, Ballaststoffen, Vitaminen und anderen Nährstoffen versorgt. Auch im Terrarium sollte der Anteil der pflanzlichen Nahrung mindestens 50% bei erwachsenen Bartagamen und 30% bei Jungtieren betragen.

Bei der pflanzlichen Nahrung sollten Wildkräuter und weitere Blüten und Blätter mengenmäßig den Hauptanteil ausmachen, da sie sehr gesund sind. Außerdem sind sie in ihrer Zusammensetzung den im natürlichen Lebensraum der Bartagamen vorkommenden Futterpflanzen am ähnlichsten. Eine rein vegetarische Ernährung beispielsweise mit Tofu als Eiweißlieferant wurde von einigen Haltern versucht (anonymer Forenbeitrag), führte aber zu einer deutlich reduzierten Lebenserwartung und ist deshalb abzulehnen. Abhängig von Alter, Art und individuellen Vorlieben der Bartagamen, aber auch saisonal, kann das Interesse der Tiere an pflanzlichem Futter variieren. Ein wichtiges Kriterium bei der Auswahl geeigneter Futterpflanzen stellt das Kalzium:Phosphor-Verhältnis dar. Der Kalziumanteil sollte immer überwiegen, z.B. Ca 1,5:P 1,0; vgl. Tabelle S. 115).

Wichtig ist, die Bartagamen abwechslungsreich zu ernähren. Auf keinen Fall darf man sich dazu verleiten lassen, über Zeiträume von Wochen einseitig nur eine oder wenige Futterpflanzen zu verfüttern – auch wenn diese saisonbedingt gerade leicht verfügbar sind!

Viele **Wildkräuter** sind reich an Vitaminen, Mineralstoffen, sekundären Pflanzenstoffen und haben ein gutes Kalzium:Phosphor-Verhältnis. Das Spektrum an Kräutern ist sehr groß und reicht von Wiesenpflanzen bis hin zu einer Vielzahl an kultivierten Kräutern im Gemüsegarten. Im Folgenden stellen wir eine Reihe der gebräuchlichsten Wildkräuter vor, die für die Ernährung von Bartagamen geeignet sind. Die Übersichten S. 112f und S. 254) geben hierzu Hinweise.

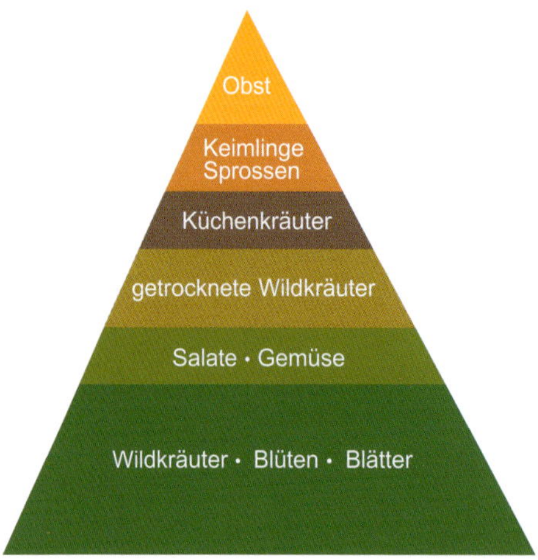


◄ Abb. 207. Bei der pflanzlichen Ernährung sollten Wildkräuter die Basis bilden und Obst nur in sehr kleinen Mengen verfüttert werden.

▲ Abb. 208. Eine abwechslungsreiche Mischung verschiedener Grünfutter-Sorten ist sehr gesund. Foto: G. Köhler

Das Heranziehen eines Wildkräuterbuches ist sinnvoll (z.B. FLEISCHHAUER et al. 2007, MINCH 2008, RECHT & WETTERWALD 2008). So erhält man einen Überblick, denn neben den in der Übersicht dargestellten Pflanzen kommen auch viele weitere Wildkräuter als Futterpflanzen in Frage. Außerdem vermeidet man das Verfüttern geschützter Pflanzen, und die Verwechslungsmöglichkeit mit giftigen Vertretern von Wildkräutern läßt sich ausschließen. Besonders bietet sich die Verfütterung von Löwenzahnblättern und Blüten an, da diese überall leicht erhältlich sind und gute Nährwerte besitzen. Vogelmiere (Blüten, Stängel und Blätter) ist ebenfalls ein hervorragendes Futtermittel. Diese leicht zu kultivierende Pflanze wird von den Bartagamen gern angenommen. Blüten und Blätter der Taubnessel, Brennessel, Distel sowie von Rot- und Weißklee sowie die Blätter von Breit- und Spitzwegerich sind geeignete Futtermittel. Einmal im Garten eingebracht, wuchert Giersch als Unkraut und ist kaum noch einzudämmen. Aber auch wenn Giersch lästig für den Gartenfreund sein kann, es ist eine sehr gesunde Futterpflanze, deren Blätter den Speiseplan unserer Bartagamen sinnvoll bereichern können.

▲ Abb. 209. Eine Variation frischer Wildkräuter sollte besonders im Frühjahr und Sommer die Basis der Ernährung bilden. Foto: M. Decker

Weitere geeignete **Blüten** sind Gänseblümchen, Zucchini, Kürbis, Malve, Hibiskus, Stiefmütterchen, Wildrose, Kapuzinerkresse und Vergissmeinnicht. Bevorzugt werden Blüten mit roter, orangener oder gelber Farbe. An **Blättern** können z.B. Himbeerblätter, Brombeerblätter, Johannisbeerblätter, Weinblätter (kein Wilder Wein), Hibiskusblätter und Erdbeerblätter angeboten werden.

**Salate**, wie Romana-, Feld-, Ruccola-Radicchio und Endiviensalat oder Chicoreé können gerade in den Wintermonaten eine Basis bilden. Wer auf den Supermarkt angewiesen ist, findet hier eine reiche Auswahl. Die meisten Blattsalate sind aber wenig gehaltvoll und sollten zur Aufwertung zusammen mit selbstgezogenen Keimlingen, Küchenkräutern und Trockenkräuter- bzw. Trockenblütenmischungen aus dem Handel, angeboten werden. Das Herkunftsland der Salate ist insofern von Bedeutung, als nicht überall so strenge Auflagen bezüglich Pflanzenschutzmitteln gelten wie in der EU. Im Vergleich zu Wildkräutern haben Salate generell einen höheren Wassergehalt (ca. 90%) und einen vergleichsweise geringen Rohfasergehalt.

Auch rohes **Gemüse** wird von den Bartagamen gerne angenommen. Geraspelte Karotten (vorher schälen) helfen bei der Betacarotinversorgung. Auch Zucchini-Stückchen (ebenfalls die Blüten) sind als Ergänzung zum Speiseplan empfehlenswert. Ebenfalls können Stückchen von Paprika und reifen Tomaten (Achtung: keine Blätter verfüttern, da giftig) ab und zu in geringen Mengen angeboten werden. Da sie aber oftmals sehr mit Pestiziden belastet sind, kommen nur

▲ Abb. 210. Leuchtende Blüten, wie die Hibiskusblüte gehören zu den Leckerbissen der Bartagamen. Foto: M. Decker

▲ Abb. 211. Junges Männchen und Weibchen von *P. vitticeps* an der Futterschüssel. Foto: G. Köhler

solche aus biologischem Anbau in Frage. Auch können geringe Mengen von Fenchel oder Sellerie (in Stückchen geschnitten oder Blätter) verfüttert werden.

Viele **Küchenkräuter**, wie Basilikum, Kerbel, Dill, Petersilie, Zitronenmelisse, Oregano, Pimpinelle oder Thymian kann man im Garten oder in Blumentöpfen auf der Fensterbank selber ziehen, so hat man ein wenig frisches Futter parat, um zum Beispiel gekauften Salat aufzuwerten.

Frische **Keimlinge und Sprossen** sind ein sehr gutes vitaminreiches Frischfutter, das leicht selbst hergestellt werden kann, zumal in den Wintermonaten eine abwechslungsreiche pflanzliche Ernährung oft schwierig ist. Die Samen sind in Reformhäusern oder Biomärkten erhältlich und können gemäß den Angaben auf der Packung oder mit speziellen Anzuchtvorrichtungen leicht zum Keimen gebracht werden. Sehr empfehlenswert sind die Sprossen und Keimlinge von Alfalfa (= Luzerne), Kresse und Sonnenblumen (Köhler 1988).

**Obst** hat oftmals ein relativ ungünstiges Kalzium:Phosphor-Verhältnis (vgl. Tabelle S. 116) sowie einen hohen Zuckergehalt. Deshalb sollte man Obst trotz seines guten Vitamingehaltes nur ausnahmsweise und nur in geringen Mengen an die Bartagamen verfüttern. Die Früchte müssen entkernt werden und sollten in kleinen Scheiben oder Stücken angeboten werden. So machen sich die Bartagamen zum Teil sehr gierig über Apfel, Birne, Himbeeren, Brombeeren, Johannisbeeren, Trauben, Melonen, Bananen und Mango her.

▲ Abb. 212. Bartagame (während der Häutung) beim Verspeisen einer “Winter-Grünfuttermischung”. Foto: M. Decker

## Kleine Auswahl geeigneter Futterpflanzen

**Breitwegerich**
Beschreibung: löffelförmige Blätter, im Sommer mit ährenförmiger aber fester Blüte • Bemerkungen: nur Blätter

**Brennnessel**
Beschreibung: herzförmige Blätter mit gezackten Rändern, kräftige Stängel, Stängel und Blatter sind behaart • Bemerkungen: beim Sammeln Handschuhe tragen

**Gänseblümchen**
Beschreibung: längliche, flach wachsende Blätter, gelber Blütenkorb mit weißen Zungenblüten • Bemerkungen: Blätter, Blüten und Wurzel

**Gänsedistel**
Beschreibung: krautige Pflanze mit blaugrünen, buchtig-fiederschnittigen Blättern und gelben Blüten; enthält Milchsaft • Bemerkungen: junge Blätter

**Gänsefingerkraut**
Beschreibung: Bodendecker, gefiederte Blätter, kräftig gelbe Blüte mit fünf Blütenblättern • Bemerkungen: Blätter und Blüten

**Gemeine Nachtkerze**
Beschreibung: aus bodennaher Rosette erhebt sich ein blütenreicher, traubig verzweigter und drüsig behaarter Blütenstand • Bemerkungen: Blätter und Blüten

**Giersch**
Beschreibung: krautige Pflanze mit kantig-gefurchten Stängeln sowie doppelt dreizähligen oder zweifiedrigen Blättern • Bemerkungen: Blätter und frische Triebe

**Golliwoog**
oder Kriechendes Schönpolster
Beschreibung: Topfpflanze mit kleinen kräftig grünen und fleischigen Blättern • Bemerkungen: erhältlich im Zoofachhandel

**Hibiskus**
Beschreibung: große glockenförmige Kelchblüte in bunten Farben, langer Stempel • Bemerkungen: erhältlich im Gartenmarkt, Blätter und Blüten

## Kleine Auswahl geeigneter Futterpflanzen

### Himbeere
Beschreibung: Strauch mit stachligem Stängel, gefiederte Blätter, an der Unterseite haarig • Bemerkungen: Blätter, Frucht nur selten verfüttern

### Hirtentäschel
Beschreibung:Langer Stiel mit winzigen herzförmigen Blättern in großen Abständen, kleine weiße Blüten, Blattrosette am Boden • Bemerkungen: Ganze Pflanze

### Kamille
Beschreibung: fedrig krautige Blätter, Blüten ähneln denen der Gänseblümchen, typischer Geruch bei zerreiben der Pflanze Bemerkungen: nur Blüten

### Kapuzinerkresse
Beschreibung: kletternde bis kriechende, krautige Pflanze mit runden Blättern; kräftige Blütenfarben von Sommer bis Herbst • Bemerkungen: Blätter und Blüten

### Knoblauchsrauke
Beschreibung: krautige Pflanze mit nierenförmigen Blättern, die am Rand buchtig gekerbt sind; 5 bis 8 Millimeter große, weiße Blüten • Bemerkungen: Blätter und Blüten

### Kornblume
Beschreibung: krautige Pflanze mit filzig behaarten Blättern und blau bis purpurfarbenen Blüten • Bemerkungen: nur Blüten

### Labkraut
Beschreibung: krautige Pflanze mit in Wirteln angeordneten schmalen Blättern und gelben Blütenständen • Bemerkungen: Verwechslungsgefahr mit Waldmeister (nicht füttern)

### Löwenzahn
Beschreibung: gelbe Korbblüte, später „Pusteblume“, gezähnte Blätter • Bemerkungen: Blätter und Blüten • Kann häufig verfüttert werden.

### Melde
Beschreibung: wechselständig angeordnete, matt dunkelgrüne lappige, oberflächlich eingebuchtete Blätter • Bemerkungen: Blätter

## Kleine Auswahl geeigneter Futterpflanzen

**Rot-Klee**

Beschreibung: • dreigliedrige spitze Blätter, wächst niedrig, roter bis violetter Blütenstand aus vielen Blütenröhren • Bemerkungen: Blätter und Blüten

**Topinambur**

Beschreibung: mehrjährige, bis 3 m hohe Pflanze mit gestielten, länglichen Blättern und gelben Blüten; aus Knolle wachsend • Bemerkungen: Blüten

**Stiefmütterchen**

Beschreibung: Blätter gestielt, lanzettförmig bis eirund gekerbt; Blüten je nach Sorte gelb, blauviolett oder mehrfarbig • Bemerkungen: nur Blüten

**Spitzwegerich**

Beschreibung: Schmale lanzenförmige Blätter, Blüte an langem Stängel in Ährenform • Bemerkungen: Blätter

**Taubnessel**

Beschreibung: • Blätter ähneln denen der Brennnessel, weiße bis violette Blüten sitzen direkt unter den Blättern • Bemerkungen: Blätter und Blüten

**Vogelmiere**

Beschreibung: krautige Pflanze, kleine weiße Sternblüte, haariger Stiel • Bemerkungen: Blätter und Blüten

**Weinrebe**

Beschreibung: kletternde Sträucher oder Lianen mit einfachen oder gelappten Blättern • Bemerkungen: keinen wilden Wein füttern!

**Weiß-Klee**

Beschreibung: krautige Pflanze mit dreizählig gefingerten Blättern und weißen Blütenköpfchen • Bemerkungen: Blätter und Blüten

**Wilde Malve**

Beschreibung: Blätter rundlich bis herzförmig, beidseitig weich behaart; Blüten rosa bis violett mit einem Durchmesser von 2,5 bis 5 cm • Bemerkungen: Blüten und. Blätter

Quellen S. 112-114: DENNERT 2008, MINCH 2008

## Inhaltsstoffe einiger pflanzlicher Futtersorten

| | Eiweiß g/100g | Fett g/100g | Kohlenhydrate g/100g | Calcium mg/100g | Phosphor mg/100g | Ca:P |
|---|---|---|---|---|---|---|
| **Wildkräuter** | | | | | | |
| Breitwegerich | 3,4 | 0,4 | 1,8 | 412 | 60 | 6,9:1,0 |
| Brennnessel | 7,4 | 0,6 | 1,3 | 630 | 105 | 6,0:1,0 |
| Brunnenkresse | 0,1 | 0,0 | 0,2 | 9 | 3 | 3,0:1,0 |
| Franzosenkraut | 3,3 | --- | 1,5 | 410 | 56 | 7,3:1,0 |
| Gänseblümchen | 2,6 | 0,5 | 5,2 | 190 | 88 | 2,2:1,0 |
| Giersch | 8,4 | 0,4 | 0,5 | 132 | 88 | 1,5:1,0 |
| Golliwoog | --- | --- | 5,5 | 180 | 30 | 6,0:1,0 |
| Guter Heinrich | 6,5 | 0,5 | 1,9 | 110 | 95 | 1,2:1,0 |
| Klee, rot | 3,7 | --- | --- | 280 | 60 | 4,7:1,0 |
| Löwenzahn | 2,6 | 0,6 | 9,2 | 174 | 70 | 2,5:1,0 |
| Malve, wilde | 7,3 | 0,5 | 1,9 | 200 | 95 | 2,1:1,0 |
| Melde | 2,2 | 0,3 | 3,0 | 100 | 35 | 2,9:1,0 |
| Spitzwegerich | 2,2 | 0,4 | 1,6 | 248 | 83 | 3,0:1,0 |
| Taubnessel | 5,3 | 0,6 | 0,9 | 166 | 28 | 5,9:1,0 |
| Vogelmiere | 1,8 | 0,2 | 2,8 | 80 | 54 | 1,5:1,0 |
| Weinrebe | 4,1 | 0,6 | 11,9 | 136 | 34 | 4,0:1,0 |
| Zaun-Wicke | 26,7 | 2,4 | --- | 65 | 46 | 1,4:1,0 |
| **Küchenkräuter** | | | | | | |
| Basilikum | 3,1 | 0,8 | 5,1 | 250 | 37 | 6,8:1,0 |
| Dill | 3,7 | 0,8 | 8,0 | 230 | 85 | 2,7:1,0 |
| Fenchel | 1,4 | 0,2 | 3,0 | 40 | 50 | 0,8:1,0 |
| Kerbel | 4,1 | 0,6 | 6,2 | 400 | 30 | 13,3:1,0 |
| Oregano | 2,2 | 2,0 | 9,7 | 310 | 39 | 7,9:1,0 |
| Pimpinelle | 3,5 | 0,8 | 5,0 | 150 | 50 | 3,0:1,0 |
| **Blüten:** | | | | | | |
| Hibiskus | 0,6 | 0,4 | 1,6 | 0,04 | 0,26 | 1,0:6,6 |
| Löwenzahn | 2,7 | 0,7 | 3,5 | 187 | 66 | 2,8:1,0 |
| **Sprossen:** | | | | | | |
| Alfalfa | 4,0 | 0,7 | 2,2 | 32 | 70 | 0,5:1,0 |
| Linsen | 9,0 | 0,5 | 19,1 | 25 | 170 | 0,1:6,8 |
| Weizen | 3,2 | 0,4 | 13 | 71 | 1100 | 1,0:15,5 |

## Inhaltsstoffe einiger pflanzlicher Futtersorten

| | Eiweiß g/100g | Fett g/100g | Kohlenhydrate g/100g | Calcium mg/100g | Phosphor mg/100g | Ca:P |
|---|---|---|---|---|---|---|
| **Gemüse/Salat:** | | | | | | |
| Brunnenkresse | 0,1 | 0,0 | 0,2 | 9 | 3 | 3,0:1,0 |
| Chicorée | 1,3 | 0,2 | 2,4 | 25 | 25 | 1,0:1,0 |
| Endivien | 1,8 | 0,2 | 2,6 | 68 | 54 | 1,3:1,0 |
| Feldsalat | 1,8 | 0,4 | 2,4 | 32 | 50 | 1,0:1,6 |
| Grünkohl | 4,3 | 0,9 | 5,4 | 230 | 180 | 1,3:1,0 |
| Gurke | 0,6 | 0,2 | 3,1 | 15 | 23 | 1,0:1,5 |
| Kopfsalat | 1,4 | 0,2 | 2,6 | 38 | 32 | 1,2:1,0 |
| Kürbis | 1,1 | 0,1 | 4,6 | 20 | 45 | 0,4:1,0 |
| Karotten | 1,1 | 0,2 | 8,8 | 37 | 36 | 1,0:1,0 |
| Paprika | 1,2 | 0,3 | 5,1 | 10 | 26 | 1,0:2,5 |
| Portulak | 1,5 | 0,3 | 0,6 | 95 | 40 | 2,4:1,0 |
| Rucola | 2,6 | 0,7 | 2,1 | 160 | 52 | 3,1:1,0 |
| Tomate | 1,0 | 0,2 | 2,9 | 13 | 27 | 1,0:2,1 |
| Zucchini | 1,6 | 0,4 | 3,3 | 30 | 25 | 1,2:1,0 |
| **Obst:** | | | | | | |
| Apfel | 0,2 | 0,6 | 13,9 | 7 | 10 | 1,0:1,4 |
| Aprikose | 1,0 | 0,2 | 12,3 | 17 | 11 | 1,5:1,0 |
| Banane | 1,1 | 0,2 | 21,8 | 8 | 27 | 1,0:3,4 |
| Birne | 0,6 | 0,4 | 13,0 | 10 | 14 | 1,0:1,4 |
| Brombeere | 1,2 | 1,0 | 12,3 | 44 | 30 | 1,5:1,0 |
| Erdbeere | 0,8 | 0,5 | 8,3 | 24 | 25 | 1,0:1,1 |
| Himbeere | 1,3 | 0,4 | 10,3 | 40 | 44 | 1,0:1,1 |
| Honigmelone | 0,6 | 0,1 | 13,4 | 6 | 21 | 1,0:3,5 |
| Kirschen | 1,1 | 0,4 | 14,7 | 20 | 20 | 1,0:1,0 |
| Kiwi | 0,9 | 0,6 | 12,5 | 40 | 31 | 1,3:1,0 |
| Papaya | 0,6 | 0,1 | 3,5 | 23 | 15 | 1,5:1,0 |
| Pfirsich | 0,7 | 0,1 | 10,1 | 8 | 21 | 1,0:2,7 |
| Pflaume | 0,6 | 0,1 | 13,7 | 14 | 18 | 1,0:1,3 |
| Wassermelone | 0,6 | 0,2 | 8,3 | 7,0 | 9,0 | 0,8:1,0 |
| Weintraube | 0,7 | 0,3 | 18,1 | 15 | 20 | 1,0:1,3 |

Quellen S. 115-116: Dennert 2008, Fleischhauer 2003, Smyrek pers. Mitteilung 2012, Souci et al. 2011

## Kommerzielle Futtermischungen

Für die Bartagamenernährung werden im Handel getrocknete Wiesenkräuter und Blütenmischungen angeboten, die als Nahrungsergänzung sehr sinnvoll sind. Diese Mischungen werden von den Bartagamen meist gerne gefressen, sind aber kein vollwertiger Ersatz für frisches Futter aus dem Garten. Als Zusatzfutter oder zum Aufwerten von Salat aus dem Supermarkt sind die Trockenmischungen sehr geeignet.

Im Fachhandel können Sämereien gekauft werden, mit denen man Kräuter in einer bartagamentauglichen Mischung selbst anziehen kann, was sehr zu empfehlen ist.

Industriell hergestelltes Bartagamenfutter, wie trockene Pellets, Feuchtfutter und in Dosen eingemachte Insekten, dürfen nicht als Allein- oder Hauptfutter angeboten werden, können aber gelegentlich, z.B. als Futter während der Urlaubszeit angeboten werden. Natürlich muss vorher geprüft werden, ob die Bartagamen das Futter auch annehmen.

Hunde- und Katzenfutter sind für die Bartagamen schädlich und dürfen gar nicht verfüttert werden. Ein großer Teil der nicht-traumatischen Erkrankungen bei Bartagamen sind auf Fehler bei der Ernährung zurückzuführen! Es ist also wichtig, sehr genau darauf zu achten, was man seinen Schützlingen anbietet.

▲ Abb. 213-215. Getrocknete Wiesenkräuter- und Blütenmischungen sind im Fachhandel erhältlich und sind als Zusatzfutter oder zum Aufwerten von Salat sehr geeignet.
Fotos: K. Grießhammer/G. Köhler

## Hinweise zur Fütterung:

✓ Wichtig: Futterpflanzen nicht entlang von Straßen oder nahe von Ackerflächen bzw. Weinbergen sammeln, da diese oftmals mit Umweltgiften bzw. Pflanzenschutzmitteln belastet sind! Deshalb nur im eigenen Garten und auf naturnahen Flächen pflücken. Sicherheitshalber sollen alle Pflanzenteile vor dem Verfüttern mit Wasser abgespült werden – dies gilt natürlich auch für gekaufte Futterpflanzen.

✓ Natur- und Artenschutzrichtlinien bei Entnahme von Pflanzen bzw. Pflanzenteilen beachten.

✓ Das „Grünfutter“ sollte nicht mit Vitaminpulver versehen werden. Da man nur schwer einschätzen kann, welches Tier welche Mengen frisst und das Vitaminpulver auf den feuchten Blättern in der warmen Terrarienluft schnell verdirbt, ist eine genaue Dosierung nahezu unmöglich. Eine ausreichende Vitaminisierung sollte über die Bestäubung der Futtertiere erfolgen. Sollten die Bartagamen aber bestimmte Obstsorten oder Blüten besonders gerne mögen, kann man diese mit einem flüssigen Vitaminpräparat versehen und den einzelnen Bartagamen gezielt mit der Pinzette oder Hand verfüttern (siehe auch Seite 123).

✓ Bartagamen fressen, wenn sie die Wahl haben, tierische Nahrung, weshalb bei jeder Fütterung entweder Pflanzliches oder Tierisches angeboten werden sollte, nicht beides gleichzeitig.

✓ Bartagamen, die als Jungtiere nicht pflanzlich ernährt wurden, sind als Adulttiere kaum noch umzugewöhnen. Man sollte Verweigerern pflanzlicher Nahrung immer wieder Pflanzliches anbieten und kann versuchen, sie zu überlisten, indem man den Tieren beim Fressen großer Insekten beispielsweise Blüten ins Maul schiebt und sie so an den Geschmack gewöhnt.

✓ Es kann frustrierend sein, wenn viel Mühe in das Sammeln von gehaltvollen Wildkräutern investiert wurde und die Bartagamen diese dann im Terrarium nicht beachten. Solange die Blätter nur vertrocknen und nicht faulen oder schimmeln, sollte man sie einige Tage im Terrarium belassen. Oftmals machen sich die Bartagamen dann nach und nach über die trockenen Blätter her.

✓ Bartagamen fressen immer wieder unterschiedliche Mengen Futter. Während sie an manchen Tagen scheinbar nicht genug bekommen können, lehnen sie an anderen Tagen jegliche Futteraufnahme ab. Wenn kein pathologischer Grund für dieses Verhalten vorliegt, ist es als völlig normal einzustufen, und es sind keine weiteren Maßnahmen durchzuführen.

✓ Gelegentlich kann es vorkommen, dass einige Exemplare nur noch eine bestimmte Futterart annehmen. Dann bietet man ihnen dieses Futter nur noch in geringem Maße zusammen mit einer Variation anderer an. Auch einige Tage Nulldiät können ihre Wirkung tun.

### Wochenspeiseplan* für adulte Bartagamen

Beispiel:

| | |
|---|---|
| **Montag:** | gemischter Grünfutterteller |
| **Dienstag:** | Insekten |
| **Mittwoch:** | Fastentag |
| **Donnerstag:** | gemischter Grünfutterteller; ab und zu wenig Obst |
| **Freitag:** | Insekten |
| **Samstag:** | Fastentag |
| **Sonntag:** | Trockene Blüten- und Wiesenkräutermischung |

▲ Abb. 216. Damit sich die Bartagamen nicht nur bestimmte Blätter heraussuchen (s. hier *P. henrylawsoni*), sollte das Futter kleingeschnitten und durchmischt werden. Foto: G. Köhler

▶ Abb. 217-219. Drei Beispiele für gut gelungene Futterteller. Fotos: G. Köhler

*Anmerkung: Der Wochenspeiseplan stellt nur ein Beispiel dar und sollte variiert werden. Gut genährte Tiere vertragen auch ab und zu drei Fastentage oder nur 1x Insekten pro Woche.

## Einige giftige/ungeeignete Pflanzen für Bartagamen

| | | |
|---|---|---|
| Akazie, Falsche | Gummibaum | Gelbe Narzisse |
| Akelei | Gundermann | Nelke |
| Alpenveilchen | Kartoffelblätter | Oleander |
| Amaryllis | Kartoffelsprösslinge | Pfingstrose |
| Anemone | Knolliger Hahnenfuß | Rittersporn |
| Azalee | Scharfer Hahnenfuß | Rosmarin |
| Begonie | Hortensie | Gartensalbei |
| Betelnusspalme | Kleines Immergrün | Saubohne |
| Bilsenkraut | Jasmin | Sumpfdotterblumenblüten |
| Birkenfeige | Kaladie | Sumpfschachtelhalm |
| Blauer Eisenhut | Kermesbeere | Schmucklilie |
| Blutwurz | Kirschlorbeer | Großes Schöllkraut |
| Buchsbaum | Klatschmohn | Schwertlilie |
| Butterblume | Kreuzkraut | Seidenpflanze |
| Calla | Lerchensporn | Großes Springkraut |
| Dieffenbachie | Lobelie | Stechapfel |
| Drachenbaum | Löwenmaul | Tollkirsche |
| Engelstrompete | Lorbeerbaum | Tomatenblätter |
| Efeuarten | Lupine | Trompetenbaum |
| Efeutute | Maiapfel | Tulpenbaum |
| Eibe | Maiglöckchen | Wacholder |
| Essigbaum | Monstera | Weihnachtsstern |
| Feuerdorn | Bittersüßer Nachtschatten | Wilder Wein |

## Auswahl ungeeigneter Lebensmittel für Bartagamen

| | | |
|---|---|---|
| Ananas | Kartoffeln | Pilze |
| Avocado | Kuchen | Pudding |
| Brot | Lauch | Süßigkeiten |
| Gemüsekonserven | Nudeln | Tofu |
| gekochtes Gemüse | Nüsse | Zitrusfrüchte |
| gewürzte Lebensmittel | Obstkerne | zuckerhaltige Lebensmittel |
| Gras | Obstkonserven | Zwiebeln |
| Hunde- bzw. Katzenfutter | Oliven | |

▲ Unvollständige Liste giftiger bzw. ungeeigneter Pflanzen und Auswahl ungeeigneter Lebensmittel.

## Pflanzliche Schadstoffe und giftige Inhaltsstoffe

Die meisten Pflanzen – auch klassische Futterpflanzen – enthalten mehr oder weniger unverträgliche oder gar toxische Substanzen, die bei Aufnahme in zu großer Menge oder gar einseitiger Ernährung mit diesen Pflanzen zu Gesundheitsbeeinträchtigung und Vergiftungserscheinungen führen können. Viele Pflanzen haben diese unbekömmlichen bzw. giftigen Substanzen als Schutz vor dem Gefressen werden entwickelt. Man kann aber die Kenntnisse über die „Giftigkeit" einer Pflanze nicht ohne weiteres vom Menschen auf eine bestimmte Tierart übertragen, da Pflanzenfresser oftmals Enzyme und Strategien entwickelt haben, um mit diesen Schadstoffen (aber auch z.B. mit Stacheln und Dornen der Pflanzen) umgehen zu können, diese also zumindest teilweise zu neutralisieren. In diesem Zusammenhang spielt auch die artspezifische Darmflora eine große Rolle (Dennert 2008). Deshalb bedeutet das Vorhandensein von Schadstoffen in Pflanzen nicht automatisch, dass diese für unsere Tiere als Futterpflanze tabu sind.

Man sollte erwarten können, dass Pflanzenfresser in ihrem natürlichen Lebensraum nur solche Pflanzen fressen, die auch für sie bekömmlich sind, die also entweder keine Schadstoffe enthalten oder für deren Schadstoffe sie Neutralisationsmöglichkeiten entwickelt haben.

Tiere in Menschenobhut haben jedoch potentiellen Zugang zu Pflanzen, auf die sie in freier Natur nicht treffen würden. Deshalb kann man sich bei seinen Bartagamen nicht darauf verlassen, dass sie nur das fressen, was ihnen auch zuträglich ist. Es darf also nur verfüttert werden, was der Tierhalter eindeutig kennt und mit Hilfe eines Bestimmungsbuches als essbar deklariert ist.

Außerdem gilt: Je größer die Auswahl der angebotenen Pflanzen, desto eher nehmen die Tiere das Futter an und desto besser können negative Eigenschaften einzelner Bestandteile ausgeglichen werden.

Pflanzen mit folgenden Inhaltsstoffen sollten nicht oder nur wenig verfüttert werden:

**Oxalsäure** (z.B. in Rhabarber, Sauerampfer, Petersilie, Mangold, Guter Heinrich, Grünkohl und Spinat) verbindet sich mit den Calziumionen des Blutes zu Calziumoxalat und führt so zu einer Senkung des Blutcalziumspiegels („Calziumräuber"). Hierdurch kommt es zu einer Verlängerung der Blutgerinnungszeit und eventuell zu Kreislaufschäden. Bei massiver Calciumoxalatbildung kristallisiert dieses in den Nieren aus, was zu schweren Funktionsstörungen führen kann.

**Nitrat** (z.B. in Beinwell und Spinat, 0,5 bis 3% in der Trockenmasse) wird im Tier zu Nitrit reduziert, welches das Hämoglobin der roten Blutkörperchen in Methämoglobin umwandelt. Dies ist nicht mehr zum Sauerstofftransport fähig. In sehr schweren Fällen verenden die Tiere unter tetanischen Krämpfen (Dauerkrämpfe vor allem im Bereich der Gliedmaßen).

**Saponine** (z.B. in Beinwell und Spinat) zerstören die roten Blutkörperchen (Hämolyse) und führen deshalb bei Verfütterung in größeren Mengen über einen längeren Zeitraum zu einer Anämie (Blutarmut), erkennbar an sehr blassen Schleimhäuten.

**Senfölglykoside** (z.B. in Kohl) können kropferzeugend wirken.

**Fagopyrin** (z.B. in Buchweizen) macht die Tiere überempfindlich gegen Sonnenlicht (photosensibilisierende Wirkung). Werden die Tiere nach Aufnahme von Buchweizenkeimlingen in die Sonne gesetzt, entwickeln sie eine Bindehautentzündung mit Schwellung der Augenlider. In dunkler Umgebung verschwinden diese Symptome ohne weitere Behandlung innerhalb von ein bis zwei Tagen.

## Vitamine und Mineralstoffe

Um den veränderten Lebensbedingungen in der Terrarienhaltung Rechnung zu tragen, müssen die Bartagamen zusätzlich mit Vitaminen und Mineralstoffen versorgt werden. Besonders in der Aufzucht äußert sich ein Mangel rasch in Form von Deformationen, Lähmungen oder Zitterkrämpfen und kann, wenn er zu spät erkannt wird, zum Tod des Tieres führen. Ebenso wie ein Mangel an Vitaminen (Hypovitaminose), kann auch ein Zuviel (Hypervitaminose) zu pathologischen Veränderungen führen. Es ist also auf mäßige, aber ausreichende Versorgung zu achten.

▶ Abb. 220. Kurz vor dem Verfüttern werden die Insekten mit einem Vitamin-Mineralstoffpräparat eingestäubt. Foto: K. Grießhammer

▶ Abb. 221. Geeignete Futterzusätze für Bartagamen. Foto: K. Grießhammer

Es hat sich bewährt, alle Futtertiere vor dem Verfüttern mit einem Vitamin-Mineralstoff-Präparat einzustäuben. Seit Jahren erfolgreich verwendete Präparate sind z.B. Korvimin, das über den Tierarzt zu beziehen ist und Herpetal Complete Terrarium aus dem Zoohandel. Um die Futtertiere mit dem Pulver einzustäuben, wird mit dem beiliegenden Messlöffel ein halber oder ganzer Löffelinhalt in ein hohes Plastikgefäß gegeben. Nun werden die Insekten hinzugegeben und so lange sanft geschüttelt, bis sie mit dem Pulver eingepudert sind (s. Abb. 220). Sie werden dann sofort verfüttert. Eine zusätzliche Gabe des Vitamin-Mineralstoffpräparats über das Grünfutter ist dann nicht empfehlenswert (vgl. S. 118).

Zusätzlich sollte ein hochwertiges Multivitaminpräparat in flüssiger Form (z.B. Combex V Multivitamin) als Futterzusatz verabreicht werden. Da sich Vitamine bei hohen Temperaturen zersetzen, ist es empfehlenswert, Vitaminpräparate im Kühlschrank aufzubewahren. Die Gabe von Vitamin $D_3$ und Kalzium (Bestandteil der meisten Vitaminpräparate) ist in Verbindung mit UV-Strahlung bei der Haltung im Zimmerterrarium überlebenswichtig. Für Grüne Leguane wurde ein wöchentlicher Richtwert von 50–100 I. E. $D_3$/kg Körpergewicht publiziert (KÖHLER 2001). Da uns aber keine Untersuchungen über optimale Vitamin $D_3$-Dosierungen bei Bartagamen bekannt sind und eine Überversorgung mit

▲ Abb. 222. Mit einem Futtertier lassen sich Vitamintropfen leicht verabreichen. Foto: E. Köhler

▲ Abb. 223. Auch mit einer Blüte werden Vitamintropfen angenommen. Foto: G. Köhler

Vitamin $D_3$ schädlich für die Tiere ist, empfehlen wir sicherheitshalber, sich am unteren Wert dieser Richtdosierung zu orientieren, also 50 I. E. $D_3$/kg Körpergewicht pro Woche. Pro 1 ml Combex V Multivitamin sind nach Herstellerangaben 80 I.E. Vitamin $D_3$ enthalten. Da 1 ml des Präparates etwa 20 Tropfen entspricht, enthält ein Tropfen ca. 4 I.E. Vitamin $D_3$ (Berechnung vgl. S. 124).

$$\frac{\text{Gewicht des Tieres in kg} \times \text{empfohlene wöchentliche Dosis Vitamin } D_3}{\text{I.E. Vitamin } D_3 \text{ im Präparat pro Tropfen}}$$

= Anzahl der Tropfen des Präparats pro Woche

**Beispiel (pro Tier!):** $\frac{0{,}1 \text{ kg} \times 50 \text{ I.E. } D_3}{4 \text{ I.E. } D_3}$

= 1,25 Tropfen ~ 1 Tropfen wöchentlich

▲ Abb. 224. Berechnung der Menge des flüssigen Vitaminpräparates (z.B. Combex V Multivitamin).

Bei Verwendung von Mineralstoffpräparaten, die als Kombipräparate auch Vitamin $D_3$ enthalten, sollte man die Gabe von zusätzlichen flüssigen Vitaminpräparaten reduzieren, z.B. die errechnete wöchentliche Dosis nur alle zwei bis vier Wochen verabreichen.

**Kalzium** wird zusätzlich in Form von zerbröselter Sepiaschale, Taubengrit oder kleinen Muschel- und Schneckenhausstückchen ständig im Terrarium angeboten. Jungtiere und trächtige Bartagamen haben einen erhöhten Bedarf und müssen immer Zugang zu einer Kalziumquelle haben.

▲ Abb. 225. Kalzium (hier: Sepiabröckchen) und Trinkwasser sind wichtig. Foto: G. Köhler

Es sind zahlreiche Fälle bekannt, in denen Reptilien mit Mineralstoffmangel so große Mengen Bodensubstrat fraßen, dass sie an Verstopfung eingingen. Einige Bartagamenpfleger verzichten aus Angst davor zum Teil völlig auf ein Bodensubstrat. Dies ist nicht im Sinne der Tiere. Wenn sie ausreichend versorgt werden, sollte dieses Phänomen nicht auftreten. Das gelegentliche Fressen kleiner Mengen von Steinchen, Sand oder Erde stellt kein Problem dar. Im Gegenteil, ein wenig Gartenerde im Terrarium kann den Bartagamen die Besiedelung der Darmflora mit nützlichen Mikroorganismen erleichtern.

### Check-up Ernährung:

- ✓ Bartagamen benötigen eine abwechslungsreiche Ernährung bestehend aus pflanzlicher Kost und Insekten
- ✓ Futterinsekten immer mit einem Vitamin-Mineralstoff-Präparat einstäuben.
- ✓ Zusätzlich ein Multivitaminpräparat ($D_3$) dosiert (s. Anleitung) in flüssiger Form geben (z.B. Combex V Multivitamin).
- ✓ Zerbröselte Sepiaschale und frisches Trinkwasser müssen ständig im Terrarium angeboten werden.
- ✓ Fütterungszeit: am besten vormittags

## Vergesellschaftung

Bartagamen leben in ihrem Habitat überwiegend solitär und kommen nur zur Paarungszeit zusammen. So sollten sie auch im Terrarium nach Möglichkeit einzeln gehalten werden. Abhängig vom Verhalten der Tiere ist aber die Paarhaltung oft gut möglich. In sehr großen Terrarien kann auch ein Männchen mit mehreren Weibchen gemeinsam gepflegt werden. Auch zwei oder mehr Weibchen können gemeinsam gepflegt werden. Man muss jedoch gut darauf achten, ob sich die Weibchen untereinander vertragen. Für alle Fälle sollte man stets ein gut ausgestaltetes Ausweichterrarium zur Verfügung haben, um Raufbolde auch längerfristig trennen zu können. In den Großanlagen amerikanischer Züchter haben sich Gruppen mit zwei Männchen und vier Weibchen für *Pogona vitticeps* nach kommerziellen Überlegungen als effizient und praktikabel erwiesen (Vosjoli et al. 2001).

Im Zimmerterrarium sollten jedoch nie mehrere männliche Tiere zusammen gehalten werden. Aber auch Weibchen oder Pärchen können sich im Extremfall bis zum Tode stressen. Hierzu reicht unter Umständen sogar der visuelle Kontakt bei Tieren, die in gegenüberliegenden Terrarien leben!

Sollten sich Bartagamen häufig verstecken, dunkel gefärbt sein, wenig fressen und sich überwiegend inaktiv verhalten, kann es sein, dass es sich hierbei um unterdrückte Tiere in der Gruppe handelt. Diese müssen dann getrennt werden.

Viele Terrarianer, die sich schon jahrelang mit Bartagamen beschäftigt haben, plädieren für die **Einzelhaltung.** Nur zur Paarungszeit sollten die Bartagamen zusammen in einem Terrarium gepflegt werden.

Entscheidet man sich für die Haltung eines einzelnen Tieres, sollte man ein Männchen wählen, da Weibchen ohne vorherige Verpaarung unbefruchtete Eier bilden können. Da eine Trächtigkeit dann für den Pfleger meist überraschend kommt, können mangelhafte Haltungsparameter im schlimmsten Fall zu einer Legenot führen (s. Seite 239; Eiablageplatz s.S. 146).

▶ Abb. 226. Eine paarweise Haltung (hier *P. vitticeps*) ist möglich. Foto: G. Köhler

Entscheidet man sich für die **Paar- oder Gruppenhaltung**, muss man bedenken, dass der Partnerstress die Lebenserwartung, vor allem der weiblichen Tiere, verkürzen kann. Die langjährige Haremshaltung hat sich hauptsächlich bei *Pogona vitticeps* und *P. henrylawsoni* bewährt, alle anderen Arten zeigten sich in der innerartlichen Vergesellschaftung empfindlicher. An dieser Stelle sei noch einmal erwähnt, dass man keine Pärchen miteinander verwandter Tiere, z.B. Tiere aus einem Gelege, zusammen pflegen sollte, um Inzuchten zu vermeiden. Bei der Paar- oder Gruppenhaltung müssen durch gestalterische Maßnahmen im Terrarium Strukturierungen geschaffen werden, die den Tieren die Möglichkeit geben, sich aus dem Weg zu gehen.

Die zusammen in einem Terrarium gepflegten Tiere müssen unbedingt die gleiche Größe haben, da kleinere Bartagamen sonst unter einem hohen psychischen Druck stehen können, oder gar als Beutetiere angesehen werden.

Möchte man zu seinen Bartagamen ein weiteres Exemplar setzen, ist es empfehlenswert, nach der Quarantäne das Terrarium neu einzurichten und zuerst das neue Tier einzusetzen, um ihm bei der Revierbildung bessere Chancen zu bieten.

Ein in der Terraristik kontrovers diskutiertes Thema ist die **Vergesellschaftung verschiedener Arten**. Verschiedene Arten oder Unterarten von Bartagamen dürfen prinzipiell nicht gemeinsam in einem Terrarium gehalten werden, um eine Bastardierung zu verhindern. Vergesellschaftungen mit Echsen anderer Gattungen sind aus unserer Sicht nicht empfehlenswert, können aber durchaus funktionieren. So sind langjährige Vergesellschaftungen mit Kragenechsen (*Chlamydosaurus kingii*), Großskinken (*Tiliqua* sp.), Dornschwanzagamen (*Uromastyx* sp.), Schildechsen (*Gerrhosaurus* sp.) und sogar Jemenchamaeleons (*Chamaeleo calyptratus*) bekannt geworden (eigene Erfahrungen, A. Calgua pers. Mitt.). Es gibt hier jedoch ganz individuelle Unterschiede. Während bei manchen Pflegern oder Zoos die Zusammenstellungen über viele Jahre problemlos möglich sind, führen sie bei anderen zu Beißereien, unterdrückten Tieren und einer Ein-

▶ Abb. 227. Bartagame und Kragenechse im Terrarium. Foto: K. Grießhammer

▲ Abb. 228. Im Frankfurter Exotarium werden *P. vitticeps* erfolgreich mit Tannenzapfenechsen zusammen gehalten. Foto: G. Köhler

stellung der Zuchtaktivität. Hier sind Erfahrung und Einfühlungsvermögen des Pflegers sowie besonders große Terrarien nötig. Man muss sich natürlich auch mit den anderen Arten und ihren Besonderheiten auskennen. So benötigen Kragenechsen beispielsweise eine "feuchte Regenperiode", die den Bartagamen schaden kann; Warane und Skinke können sich im Fresseifer in den Agamen verbeißen und sogar Stücke oder Extremitäten herausbeißen!

Aber die Gefahr geht nicht nur von den Mitbewohnern aus. Bartagamen sind ebenso gefräßige wie dominante Gesellen, die ihrerseits sogar recht große andere Echsen überwältigen können. So beschreibt HAUSCHILD (2000b) wie eine Bartagame eine 18 cm große Kragenechse gefressen hat. Uns sind Unfälle mit Halsbandleguanen (*Crotaphytus* sp.), Siedleragamen (*Agama agama*), Berberskinken (*Eumeces schneideri*) und zahlreichen anderen Arten bekannt. Die Vergesellschaftung mit anderen Arten kann funktionieren, wenn das Terrarium ausreichend groß dimensioniert ist, die Tiere ähnliche Temperaturansprüche haben und sich die einzelnen Individuen nicht gegenseitig stören. Je eher sie sich aus dem Weg gehen können und gleichwertige Sonnen- und Ruheplätze haben, desto besser.

Mit Schlangen dürfen Bartagamen grundsätzlich nicht zusammen gehalten werden, da diese – abgesehen von einer tatsächlichen Gefährdung – Panikreaktionen auslösen können. Schildkröten können klinisch gesunde Dauerausscheider von Flagellaten und *Entamoeba invadens* sein, Erreger, die bei den Echsen innerhalb kurzer Zeit zum Tode führen können (KÖHLER 1992).

▲ Abb. 229. Besonders Jungtiere der Bartagamen neigen zum Kannibalismus und fressen auch andere Echsenarten. Foto: U. Dost

## Freilandaufenthalt

Bartagamen sind große Sonnenanbeter, weshalb man ihnen in den warmen Sommermonaten den Luxus des Freilandaufenthaltes gönnen sollte. Selbst die teuersten Beleuchtungssysteme können das natürliche Sonnenlicht nicht ersetzen. Eine große Lichtintensität, UV-Bestrahlung, aber auch die vielen ungewohnten Reize, wie Bewegungen und Gerüche im Freilandterrarium sind dem Wohlbefinden und der Gesundheit der Agamen sehr zuträglich. Wann immer es die Witterung zulässt, kann man seine Tiere nach draußen nehmen. Für den vorübergehenden Freilandaufenthalt bietet der Handel sogenannte Netzterrarien an. Sie sind sehr leicht und können bei Bedarf schnell zusammengebaut werden. Mit einem stabilen Kletterast, einer Versteckhöhle, einer Wasserschale und einem Thermometer ausgestattet, sind sie für den überwachten und stundenweisen Einsatz in der Sonne sehr gut geeignet. Man muss immer darauf achten, dass die Tiere keinem Durchzug, nass-kühlen oder besonders hohen Temperaturen ausgesetzt sind. Wer einen eigenen Garten oder Balkon besitzt, kann sich überlegen, ob er hier nicht eine dauerhafte Anlage einrichten möchte. Sie sollte möglichst

▲ Abb. 230. Kleine Freilandanlage für Bartagamen (Deckel geöffnet). Foto: U. Dost

▲ Abb. 231. Selbstgebautes, sehr geräumiges Freilandterrarium. Foto: C. Schneider

▲ Abb. 232. Freilandterrarium für junge Bartagamen. Foto: U. Dreutler

groß sein, den Tieren Plätze zum Sonnen und Schattenplätze bieten. Auch Stellen, an denen sie graben können sowie Klettermöglichkeiten sollten vorhanden sein. Zumindest ein Teil des Außenterrariums muss auch regensicher sein. Die Umfriedung muss stabil und hoch genug sein und darf nicht untergrabbar sein. An den wärmsten Tagen des Jahres kann man die Tiere ganztägig draußen halten, wenn die Temperaturen es zulassen (vgl. Kapitel Thermoregulation, S. 52) sogar nachts. Mit einem Thermostat, Spotstrahlern und Heizmatten kann man den Tieren auch an bewölkten Tagen einen längeren Außenaufenthalt ermöglichen. Glasterrarien dürfen für den Freilandaufenthalt nicht genutzt werden, da sich deren Innenraum innerhalb kürzester Zeit auf lebensbedrohliche Temperaturen aufheizen kann. In den meisten Fällen wird nur ein stundenweiser Außenaufenthalt möglich sein.

▲ Abb. 233. In diesem kleinen Behältnis für Jungtiere ist das Sonnetanken wegen Überhitzungsgefahr nur kurzfristig und unter Beobachtung möglich. Foto: U. Dost

▲ Abb. 234. Pärchen von *Pogona vitticeps* im Freilandterrarium. Foto: G. Köhler

Auch unter Aufsicht sollte man die Bartagamen niemals frei herum laufen lassen – denn man darf nie die Geschwindigkeit unterschätzen, mit der die sonst eher ruhigen Agamen plötzlich davonspurten können. Bei Dreharbeiten zum Video "Bartagamen im Terrarium" sind einige Exemplare bei Außendrehs kurze Strecken bipedal, nur auf den Hinterbeinen, davon gespurtet (ähnlich wie es bei Kragenechsen bekannt ist) und waren nur schwer wieder einzufangen. Leinen und auch als "speziell für Reptilien" angebotene Geschirre sind für die Bartagamen wie für alle anderen Reptilienarten völlig ungeeignet und als Tierquälerei anzusehen.

▲ Abb. 235. Die große Lichtintensität ist für das Wohlbefinden der Bartagamen (hier *P. vitticeps*) sehr wichig. Foto: C. Schneider

**Check-up Außenanlage:**

- ✓ Die Außenanlage muss völlig ausbruchsicher sein!
- ✓ Die Bartagamen müssen Sonnenplätze haben (vgl. Temperaturansprüche S. 83 und S. 87) und die Möglichkeit haben, in kühle, schattige Bereiche auszuweichen!
- ✓ Es muss frisches Wasser zur Verfügung stehen!
- ✓ Die Bartagamen müssen vor Beutegreifern (Krähen, Katzen, Ratten etc.) geschützt werden!
- ✓ Die Bartagamen müssen vor plötzlich eintretenden Wetterumschwüngen geschützt werden!
- ✓ Die Tiere müssen vor Zug und hoher Feuchtigkeit geschützt werden!

Bereits nach kurzem Außenaufenthalt verbessern sich die Körperfärbung, die Agilität und die Aufmerksamkeit der Tiere. Einige Bartagamen nehmen im Freilandterrarium wieder so natürliche Verhaltensweisen an, dass sie sich bei Störung rasch verstecken oder den Bart aufstellen und drohen. Dies ist völlig normal und nach einigen Tagen im Zimmerterrarium nehmen sie auch wieder ihr bekanntes Wesen an. Einige Tiere, die den Aufenthalt im Außenterrarium nicht gewöhnt sind, verhalten sich draußen sehr nervös und ängstlich. Nach unserer Erfahrung ist es dann sinnvoll, eine ausreichend große Höhle in die Anlage zu integrieren. Die Tiere können sich dann verstecken und meist trauen sie sich nach einigen Tagen Stück für Stück immer weiter aus der Höhle heraus.

Längere Transportwege zum Außenterrarium, große Menschenmengen, z.B. in Parks und ständig veränderte Situationen sind ein schädlicher Stress und müssen vermieden werden.

## Zimmeraufenthalt

Während das Terrarium nach den Bedürfnissen der Bartagamen eingerichtet ist, ist es in der Wohnung in der Regel zu kalt und es lauern hier zahlreiche Gefahren. Sie können aus großer Höhe fallen, Zugluft abbekommen, sich in enge Spalten drücken, giftige Zimmerpflanzen fressen, beim Prüfen mit der Zunge Haare aufnehmen, die die Verdauung beeinträchtigen oder sogar die Luftröhre lebensgefährlich umschnüren, sich mit zahlreichen Bakterien und anderen potentiellen Krankheitserregern infizieren, in Kontakt mit elektrischem Strom geraten oder von größeren Haustieren bedroht werden, ... . Die Liste ließe sich beliebig erweitern. Dennoch lassen viele Pfleger ihre Tiere Ausflüge durch die Wohnung unternehmen. Auch nach Reduzierung der offensichtlichen Gefahrenquellen dürfen diese Ausflüge nur von kurzer Dauer sein und müssen immer überwacht werden. Wirklich stubenrein werden Bartagamen nicht und wer die Befürchtung hat, dass die Tiere ihr "Geschäft" auf dem Teppich hinterlassen, sollte sie erst herauslassen, wenn sie bereits abgekotet haben. Interessant sind die Beobachtungen zahlreicher Pfleger, dass ihre Tiere erst außerhalb des Terrariums ihr volles Repertoire an innerartlicher Kommunikation präsentieren und sich sogar bevorzugt dann paaren. Eine mögliche Erklärung für dieses Verhalten sind zu kleine oder schlecht strukturierte Terrarien.

▲ Abb. 236. In der Wohnung lauern zahlreiche Gefahren für die Tiere. Foto: A. Calgua

▲ Abb. 237. Ein Aufenthalt in der Wohnung sollte nur kurzzeitig unter Aufsicht gestattet werden. Foto: K. Grießhammer

Es sei an dieser Stelle noch einmal darauf hingewiesen, dass Bartagamen keine Kuscheltiere sind! Die Tiere aus dem Terrarium zu holen, um sie ausgiebig zu streicheln, ist nicht im Sinne einer artgerechten Tierhaltung.

# Hygiene- und Pflegemaßnahmen

## Säuberung des Terrariums

Bartagamen haben keinen wahrnehmbaren Körpergeruch. Da sie aber viel fressen, geben sie auch entsprechend große Mengen an Kot ab. Im trockenheißen Terrarium trocknen Kot und Urin jedoch recht schnell ein und sollten mit einem großen Löffel oder Ähnlichem zusammen mit dem direkt umliegenden Bodengrund entfernt werden. Wenn die Absonderungen täglich entfernt werden, wird sich selbst in Wohnräumen keine besondere Geruchsbelästigung ergeben. Bei starker Verschmutzung muss der Bodengrund ausgewechselt werden. Die Einrichtungsgegenstände sind ca. einmal pro Monat mit einer Bürste und heißem Wasser zu reinigen, um Kot und Urinreste zu entfernen.

Verdorbene Futterreste ebenso wie nicht gefressene Insekten sind täglich aus dem Terrarium zu entfernen, möglichst ohne die Bartagamen zu stören. Oftmals werden Blätter und Kräuter erst dann von den Bartagamen gefressen, wenn sie bereits vertrocknet (nicht verfault oder verschimmelt!) sind. Es kann sich also durchaus lohnen, diese einige Tage im Terrarium zu belassen. Die Futterschüssel und die Wasserschüssel werden täglich mit heißem Wasser ausgewaschen und die Wasserschüssel wird mit frischem Wasser befüllt.

Nach jedem Umgang mit den Tieren sowie nach dem Hantieren im Terrarium sollte man sich umgehend die Hände gründlich waschen!

## Häutung

Die Epidermis, die äußere Schicht der Oberhaut, wird ständig durch Umweltreize und Alterungsprozesse beschädigt und muss sich dem Körperwachstum anpassen. So müssen immer wieder neue Hautzellen herangebildet werden. Die äußerste Hautschicht stellt eine Hornschicht aus toten Zellen dar, die regelmäßig erneuert werden muss. Während wir Menschen uns unserer Hautreste kontinuierlich in kleinen Schüppchen entledigen, häuten sich Bartagamen – wie alle Echsen – immer in großen Stücken. Vorübergehend liegt dann über der neuen Haut die alte und gibt den Agamen eine milchig bzw. stumpf erscheinende Oberfläche. Durch die ent-

▲ Abb. 238.Bartagame beim Reiben an der Wand kurz vor der Häutung. Foto: M. Konrad

stehende Spannung platzt die alte Haut zuerst am Kopf auf, reißt immer weiter ein und wird schließlich in Fetzen abgeworfen.

Die Bartagamen unterstützen die Häutung, indem sie sich an rauen Oberflächen reiben oder verstärkt in feuchtere Bereiche zurückziehen.

Oft fressen die Tiere ihre abgestreifte Haut auf. Dies bezeichnet man als Keratophagie. Durch die Keratophagie verlieren die Echsen möglichst wenig Nährstoffe. Viele Bartagamen lassen die Haut im Terrarium aber auch einfach liegen. Bei Jungtieren und seltener bei Adulten kann man gelegentlich beobachten, dass sie die sich ablösende Haut bei anderen Artgenossen abziehen und fressen. Im Normalfall ist die Häutung ein Vorgang, bei dem die Echsen keine Hilfe benötigen, sie sollten lediglich keinem besonderen Stress ausgesetzt werden. Eine leichte Erhöhung der Luftfeuchtigkeit durch häufigeres Sprühen kann die Häutung unterstützen.

Es kommt jedoch vor, dass sich Häutungsreste nicht lösen. Diese können besonders im Bereich der Extremitäten (Zehen, Schwanzspitze) zu Einschnürungen führen, wodurch die Blutzirkulation derart eingeschränkt wird, dass Gewebe abstirbt.

Nach erfolgter Häutung wirft man einen genauen Blick auf den Schwanz, die Zehen, Beine und einzelnen Stachelschuppen. Der Pfleger sollte aber nicht übereilt jeden Rest abzupfen. Meist ist der Häutungsprozess einfach noch nicht vollständig abgeschlossen.

▲ Abb. 239. Die alte Haut platzt auf und löst sich in Fetzen ab. Foto: K. Grießhammer

▲ Abb. 240. Nach jeder Häutung sollten auch der Schwanz und die Zehen auf Häutungsreste kontrolliert werden. Foto: R.D. Bartlett

▲ Abb. 241. Bei "Angus" sind kleine Häutungsreste zurückgeblieben. Foto: K. Affonce

Wenn sich die alte Haut auch nach einigen Tagen noch nicht vollständig gelöst hat, kann man den Vorgang mit Vaselinesalbe unterstützen und schließlich sehr vorsichtig versuchen, die Reste manuell zu entfernen.

Fördern kann man den reibungslosen Ablauf der Häutung, indem man den Tieren feuchte Höhlen zur Verfügung stellt und die Agamen ausreichend mit Vitaminen und Mineralstoffen versorgt. Oftmals reicht schon eine leichte Anhebung der Luftfeuchte, um Häutungsschwierigkeiten zu verhindern. Ganz hartnäckige Fälle von Häutungsproblemen müssen vom Tierarzt behandelt werden. Sollten immer wieder Häutungsprobleme auftreten, obwohl die Haltungsbedingungen ideal sind, kann dies ein Anzeichen für eine mangelhafte Vitaminversorgung sein. Man sollte dann prüfen, ob man in ausreichender Menge Vitaminpräparate verwendet oder eventuell das Produkt wechseln.

## Baden von Bartagamen?

Bartagamen kommen in überwiegend trockenen Gegenden vor. Dennoch ist es eine bei manchen Exemplaren von *Pogona vitticeps* gemachte Terrarienbeobachtung, dass sie eine Vorliebe für das nasse Element haben. So beginnen einige Tiere beim Bad mit Putzbewegungen der Hinterbeine den Kopf zu reinigen, mit angelegten Beinen umherzuschwimmen, mit gierigen Schlucken zu trinken – und abzukoten. Bei Häutungsschwierigkeiten kann ein Bad helfen. Man verwendet eine mit handwarmem Wasser gefüllte Bademöglichkeit, in der die Agamen stehen und die sie jederzeit verlassen können. Aber Bartagamen sind keine "Badeagamen" und einige geraten sogar in Panik, wenn sie in Wasser gesetzt werden. Man lässt die Tiere am besten selbst entscheiden und es ist ohnehin empfehlenswert, einfach eine ausreichend große Wasserschale in das

▼ Abb. 242. Bartagame in einer flachen Wasserschale. Foto: G. Köhler

▲ Abb. 243. Diese Bartagame sucht manchmal freiwillig ihre Wasserschale zum Baden auf (*P. henrylawsoni*). Foto: K. Grießhammer

Terrarium zu stellen. Diese wird auch die in den meisten Terrarien zu geringe Luftfeuchtigkeit ein wenig erhöhen. Liegen die Agamen sehr häufig im Wasserbecken, kann dies ein Zeichen dafür sein, dass die Lufttemperatur im Terrarium zu hoch ist und die Tiere das Wasser zur Abkühlung aufsuchen. Zu häufiges Baden kann im Extremfall auch zu Hautmykosen (vgl. S. 233) führen.

▼ Abb. 244. Eine Bartagame bedient sich an einer Golliwoog Pflanze. Foto: S. Lasicki

## Urlaubspflege

Gesunde Bartagamen vertragen Kurzurlaube von 2–3 Tagen in der Regel ohne Pflegemaßnahmen problemlos. Bei längerer Abwesenheit sollte am besten eine mit der Terraristik vertraute Person oder jemand, der sich den Umgang mit den Insekten zutraut, in die Pflege eingewiesen werden.

### Check-up Urlaub:

✓ Terrarium gesäubert; Schalen gereinigt

✓ Zeitschaltuhr überprüft; Ersatz-Spot bereitgelegt

✓ Urlaubsvertretung eingewiesen und Pflegeplan erklärt (Trinkwasserschale reinigen und frisch befüllen; Fütterung: 2-3x pro Woche); Händewaschen nach jedem Umgang mit den Tieren nicht vergessen!

✓ Fütterung erklärt (einstäuben der Insekten etc.); Futtertiere besorgt und bereitgestellt

✓ Pfleger auf mögliche Häutung und Eiablage vorbereitet.

✓ Name/Telefonnummer des Tierarztes und eigene Telefonnummer hinterlassen.

✓ Tipp: Zusätzlich zur Fütterung kann eine Golliwoog Pflanze an eine kühle Stelle im Terrarium gestellt werden. Vorher testen, ob Golliwoog gefressen wird.

## Winterruhe

In ihrem Verbreitungsgebiet sind Bartagamen saisonalen Klimaschwankungen (vgl. Klimadiagramme S. 253) ausgesetzt. Während sie der extremen Hitze des Hochsommers in kühlen Verstecken entkommen können, müssen sie für die kühlen Zeiten eine andere Strategie anwenden. Ähnlich unseren einheimischen Eidechsen verbringen sie diese Phasen mit reduzierter Bewegungsaktivität und schrauben ihren gesamten Stoffwechsel herunter. Auch im Terrarium muss zumindest bei den Arten aus dem südlichen Verbreitungsgebiet (*P. minor*, *P. nullarbor*) eine kühle Periode simuliert werden, aber auch *P. vitticeps* und *P. henrylawsoni* profitieren davon.

Da die Agamen durch Außenaufenthalt und Temperaturschwankungen meist ohnehin sehr von unserem hiesigen Klima beeinflusst werden, empfiehlt es sich, im Herbst mit den Vorbereitungen für die Ruheperiode zu beginnen.

Einige Tiere ziehen sich in dieser Jahreszeit bereits von sich aus zurück. Vor der Winterruhe sollte man eine Kotprobe auf Parasiten untersuchen lassen.

Man beginnt die Winterruhe, indem man die Tiere bei noch voll eingeschalteter Beleuchtung und Beheizung zwei Wochen konsequent nicht mehr füttert.

Es ist wichtig, dass die Bartagamen mit weitgehend entleertem Verdauungstrakt überwintert werden, da Nahrungsreste verfaulen und gären können. Einige Halter baden ihre Agamen in handwarmem Wasser, um die Entleerung des Darms zu provozieren.

Nach Ablauf dieser Zeit reduziert man im Laufe von weiteren zwei Wochen nach und nach die allgemeine Grundbeleuchtung und schaltet die gesamte Technik aus oder läßt sie nur noch für 2–3 Stunden am Tag laufen. Für die nächsten 2 Monate lässt man die Bartagamen nun völlig in Ruhe. Die Agamen suchen sich im Terrarium eine ihnen geeignet erscheinende Stelle aus. So sitzen einige

▲ Abb. 245. In der Natur überwintern manche Bartagamen in selbstgegrabenen Erdhöhlen, die die Tiere von innen verschließen (verändert nach Rankin 1977).

▲ Abb. 246. Diese Bartagame hat sich für die Winterruhe völlig in ein Versteck zurückgezogen. Foto: K. Grießhammer

auf Kletterästen, während sich andere in Verstecke zurückziehen. Die meisten Bartagamen bewegen sich während der Überwinterung nur wenig. Sollten sie häufig durch die Umgebung abgelenkt sein, hängt man einen Sichtschutz vor die Scheiben des Terrariums.

Während der Ruhezeit dürfen die Bartagamen nicht gefüttert werden, es sollte ihnen lediglich stets frisches Wasser zur Verfügung stehen. Wenn man ein Pärchen hält, kann man die Tiere in dieser Zeit trennen, um ihnen für die kommende Saison einen zusätzlichen Paarungsanreiz zu bieten.

Bei Zimmertemperatur durchleben die Bartagamen diese Zeit problemlos. Die **Temperaturen** sollten nicht längerfristig unter 15°C und auch nicht kurzfristig unter 5–10°C sinken, um gesundheitliche Schädigungen zu vermeiden. Etwa alle zwei Wochen sollte man die Bartagamen auf ihren Zustand hin untersuchen. Wenn man sie in die Hand nimmt, sollten sie die Augen öffnen und die Kloake darf nicht verschmiert oder verklebt sein. In ihrem stoffwechselreduzierten Zustand sind sie für Parasiten relativ anfällig. So sucht man die Agamen auf Außenparasiten (z.B. Milben, Zecken) ab – ein Innenparasitenbefall (z.B. Nematoden) sollte durch regelmäßige Kotuntersuchungen ohnehin ausgeschlossen sein. Im Laufe der Überwinterung verlieren die Tiere nur wenig Körpergewicht. Um dies zu kontrollie-

▲ Abb. 247. Während der Winterruhe wird der gesamte Stoffwechsel heruntergeschraubt. Foto: K. Grießhammer

ren, kann es sinnvoll sein, die Agamen bei der zweiwöchentlichen Gesundheitskontrolle zu wiegen. Eine starke Gewichtsabnahme kann ein Zeichen für einen Endoparasitenbefall sein oder ein Hinweis, dass die Temperatur im Terrarium zu hoch ist und die Tiere somit zuviel Energie verbrennen. Zeigen sich klare Krankheitssymptome, bricht man die Überwinterung ab. Bartagamen, die aus kühleren Verbreitungsgebieten stammen, können auch bei niedrigeren Temperaturen überwintert werden. In einer Zuchtfarm in Alabama wurden zahlreiche *Pogona vitticeps* beinahe ein halbes Jahr in einer überdachten Freilandanlage überwintert, in der die Tiere auch kurzfristig Temperaturen um 5°C überstehen mussten. Hierbei gab es jedoch während besonders strenger Winter Ausfälle (LANGERWERF pers. Mitt.)! Man darf nur gut genährte, parasitenfreie und völlig gesunde Tiere überwintern, die nicht in der Häutung sind. Auch Jungtiere in gutem Zustand können problemlos überwintert werden – das ist jedoch kein Muss und die erste Überwinterung wird von zahlreichen Haltern ausgelassen.

In den letzten zwei Wochen der Überwinterung erhöht man Tag für Tag wieder langsam die Beleuchtung und schaltet schließlich auch die Spotstrahler an. Nach und nach kommen die Bartagamen, meist die Männchen zuerst, hervor und stürzen sich dann bald auf ihr Futter. Hier zeigen sich individuelle Temperamentsunterschiede. Während manche noch die meiste Zeit des Tages dösend und schlafend verbringen, entwickeln sich andere zu Energiebündeln. Wer seine Tiere während der Winterruhe als zusätzlichen Zuchtanreiz getrennt gehalten hat, kann sie jetzt wieder zusammenführen. Unter Terrarienbedingungen hat sich gezeigt, dass alle erhältlichen Bartagamenarten auf diese Weise überwintert werden können und die meisten diese kühlen Ruhephasen als Stimulus für eine erfolgreiche Fortpflanzung benötigen. Bartagamen, die ohne Überwinterung gehalten werden, sind oftmals anfälliger für diverse Infektionskrankheiten und haben eine reduzierte Lebenserwartung.

Einige Individuen ziehen sich auch außerhalb der Winterruhe für einige Wochen zurück. Solange sich keine Anzeichen für Parasiten, Stress (hierzu zählt besonders Stress, der durch zu hohe oder zu niedrige Temperaturen, zu schwache Beleuchtung, Dominanzverhalten durch andere Tiere oder zu viel Aufmerksamkeit durch den Pfleger hervorgerufen wird) oder andere Erkrankungen finden lassen, ist das als völlig normal einzustufen. Gerade Tiere aus dem nördlichen Australien legen oftmals eine Ruhephase während der besonders warmen Zeit ein. Hierbei muss der Pfleger keine besonderen Maßnahmen ergreifen.

**Check-up Winterruhe:**

- ✓ Spätestens Anfang Herbst Kotproben der Bartagame untersuchen lassen
- ✓ Bei voller Beleuchtung und Beheizung für 2 Wochen Fütterung einstellen (im späten Herbst). Ab jetzt bis zum Ende der Winterruhe nur noch Wasser in einer Schale, aber kein Futter mehr anbieten.
- ✓ Innerhalb von weiteren 2 Wochen Beleuchtung auf 2–3 Stunden täglich reduzieren. Danach ggf. die gesamte Technik ausschalten.
- ✓ Bartagamen etwa 2–3 Monate in voller Ruhe bei Zimmertemperatur überwintern lassen, jedoch mindestens für 6 Wochen.
- ✓ Alle zwei Wochen Gesundheits- und Gewichtskontrolle.
- ✓ Zur Beendigung der Winterruhe, Beleuchtung und Beheizung langsam wieder erhöhen und schließlich wieder mit der Fütterung beginnen.

▶ Abb. 248. Manche Bartagamen ziehen sich auch mal außerhalb der Winterruhe zurück. Foto: A. Jansen

# Zucht und Aufzucht

Abb. 249. Schlupf von *Pogona vitticeps*.
Foto: G. Köhler

# Zucht und Aufzucht

Bevor man sich der spannenden Nachzucht widmet, sollte man sich einiger Dinge bewusst sein. Bartagamen gehören zu den weltweit am häufigsten gezüchteten Echsen. Eine große Zahl an professionellen Züchtern, aber auch viele Privathalter, bringen jedes Jahr zigtausende dieser Agamen hervor. So werden jedes Jahr oft mehr Jungtiere angeboten, als in geeignete Hände vermittelt werden können und manche Züchter brüten nicht mehr alle Bartagameneier aus. Zur Zucht sollte man nur gesunde, gut genährte Tiere einsetzen, die mindestens ein Jahr alt sind und von verschiedenen Elterntieren stammen.

▲ Abb. 250. Hier flacht sich ein Männchen ab, um größer zu erscheinen. Foto: S. Griemens

▲ Abb. 251. Kopfnickend umkreist das Männchen das Weibchen. Foto: M. Decker

## Balz und Paarung

Etwa drei bis vier Wochen nach Beendigung der Winterruhe beginnen die Bartagamen mit den Paarungsaktivitäten. Die Männchen entwickeln dann ein starkes Territorialverhalten, vertreiben Rivalen und beginnen mit ihrem Balzverhalten, dass sich überwiegend durch ausgeprägtes Kopfnicken präsentiert. Der Bart wird tiefschwarz gefärbt und gestellt, und um das Kopfnicken noch zu verstärken, bewegen sie den Oberkörper auf und ab. Die Weibchen beantworten dieses Verhalten zumeist mit beschwichtigendem “Winken” und entziehen sich oft den ersten Annäherungsversuchen. Ist das Weibchen schließlich paarungsbereit, senkt es seinen Oberkörper ab und beobachtet das Männchen weiter. Gelegentlich nicken die Weibchen jetzt noch die Männchen an. Die Männchen umkreisen das Weibchen nun kopfnickend und mit aufgestelltem Bart. Um

größer zu erscheinen, flachen sie sich ab und stellen sich schräg. Zwinenberg (1980) beobachtete, dass die Bartagamenmännchen ihre Annäherung immer wieder unterbrechen und deutlich hörbar mit den Vordergliedmaßen auf den Boden stampfen. Haben sie das Weibchen schließlich erreicht, nähern sie sich von der Seite und beißen das Weibchen im Bereich Hinterkopf-Nacken-Schultern und halten sich mit diesem sogenannten Paarungsbiss fest. Um die Kloaken anzunähern, schiebt das Männchen

▲ Abb. 252-253. Männchen und Weibchen von *Pogona vitticeps* beim Balzverhalten. Fotos: U. Dost

▼ Abb. 254. Paarung von *Pogona vitticeps*. Foto: U. Dost

▲ Abb. 255. Nahansicht der Paarung. Foto: U. Dost

▲ Abb. 256. Männchen kurz nach der Paarung. Foto: R. Pesch

seinen Körper in Richtung der bissabgewandten Seite, und sollte das Weibchen seinen Schwanz noch nicht angehoben haben, provoziert er dies durch ein Kratzen mit den Hinterbeinen auf dem Rücken seiner Partnerin. Nachdem das Weibchen seine Schwanzbasis angehoben hat, führt das Männchen einen Hemipenis in die Kloake des Weibchens ein. Nach 30–60 Sekunden ist die Paarung beendet und die Partner trennen sich wieder. Die Männchen brauchen nach dem anscheinend anstrengenden Akt oftmals eine ganze Weile Regenerationszeit, während der sie apathisch herumliegen. Der Nackenbiss kann leichte oberflächliche Wunden hervorrufen, die jedoch meist rasch verheilen. Einmal verpaart, können die Weibchen mehrere Gelege befruchten (Samenspeicherung, Amphigonia retardata). Bei Bert Langerwerf (pers. Mitt.) legten Weibchen, die im Spätsommer des vorhergehenden Jahres letztmalig mit einem Männchen vergesellschaftet waren, nach sechsmonatiger Winterruhe im Frühjahr befruchtete Gelege ab!

Nicht immer verläuft die Paarungszeit sehr harmonisch. Paarungsunwillige Weibchen können durch das ganze Terrarium gejagt werden und es kann zu regelrechten Vergewaltigungen kommen (Carpenter et al. 1970). Auch ständige Nachstellungen bei paarungsunwilligen Weibchen können die Tiere schwächen. In diesem Fall, spätestens jedoch kurz vor der erwarteten Eiablage, sollte das Männchen aus dem Terrarium entfernt werden, wenn es das Weibchen nicht in Ruhe läßt. Auch für die Männchen ist die Paarungszeit sehr anstrengend und oft stellen sie die Nahrungsaufnahme ein. In seltenen Fällen können sich die Männchen dem Pfleger gegenüber aggressiv verhalten, ein Verhalten, das sich bald wieder legt.

## Trächtigkeit

Vor den Weibchen liegt nach erfolgreicher Paarung eine drei bis vier, maximal siebenwöchige Trächtigkeit, während der sie mit besonderer Sorgfalt gepflegt werden müssen.

Die Ernährung muss jetzt sehr hochwertig und abwechslungsreich gestaltet werden, da die Tiere zur Heranbildung der Eier einen erhöhten Nähr- und Mineralstoffbedarf haben.

▼ Abb. 257. Trächtiges Weibchen mit deutlich erkennbaren Vorwölbungen am Bauch.
Foto: S. Heinrich

Außer der normalen Mineralstoffbestäubung mit einem hochwertigen Vitamin-Mineralstoffpulver, muss unbedingt noch zerbröselte Sepiaschale zur Verfügung gestellt werden, und häufiger als sonst ein flüssiges Vitaminpräparat gegeben werden. Das Futterangebot muss reichlich sein und der Insektenanteil sollte erhöht werden. Die gelegentliche Verfütterung einer Babymaus kann helfen, ist bei ausreichender Fütterung mit anderen Nahrungsbestandteilen aber nicht unbedingt notwendig. Die weiblichen Bartagamen sind in dieser Zeit besonders futtergierig und verbringen viel Zeit unter dem Spotstrahler. Je näher der Tag der Eiablage kommt, desto fülliger werden die Tiere. Mit der

▲ Abb. 258. Trächtige Weibchen halten sich oft unter dem Spotstrahler auf und sitzen gerne mit erhobenem Oberkörper da. Foto: K. Affonce

Zeit zeichnen sich im Bauchraum einzelne Eier ab und können gut ertastet werden. Die zahlreichen Eier sind sehr raumfüllend und schränken die Tiere zum Ende der Trächtigkeit sogar in der Atmung ein, weshalb hochträchtige Agamen zur Unterstützung der Atmung oft mit erhobenem Oberkörper dasitzen.

Wenige Tage (meist 3–4 Tage) vor der Eiablage stellen viele Bartagamen die Nahrungsaufnahme ein und wirken sehr unruhig.

## Eiablage

Auf der Suche nach einem geeigneten Eiablageplatz durchstreift das Weibchen das Terrarium, nimmt Probegrabungen vor und versucht gelegentlich, aus dem Terrarium auszubrechen. Wer keinen ausreichend hohen Bodengrund hat, muss diesen jetzt einfüllen oder eine große Box in das Terrarium stellen. Hierfür eignen sich beispielsweise die unteren Teile von Katzentoiletten o. ä.; diese haben den Vorteil, dass man sie nach der Eiablage leicht aus dem Terrarium nehmen kann, um die Eier zu bergen.

**Eiablageplatz:**

Am besten sollte der Eiablageplatz ca. so tief sein wie die Echse lang ist (Kopf-Rumpflänge, KRL), um den Echsen das Graben einer Höhle zu ermöglichen – 20 cm ist jedoch das Minimum. Sie können bei der geringen Tiefe zwar keine Eiablagehöhle graben, aber wenn die Feuchtigkeit und die Temperatur dem Weibchen angemessen erscheinen, wird es bis zum Boden graben und dort die Eier ablegen. Eine Abdeckplatte oder ein Deckel, der einen Teil der Kiste abdeckt (ca. 2/3), gibt dem Weibchen mehr Sicherheitsgefühl.

An den Eiablageplatz stellen die Weibchen hohe Ansprüche: er muss mäßig feucht, aber nicht nass sein und die geeigneten **Temperaturen** (ca. 25–30°C) vorweisen. Um die geeignete Temperatur im Eiablagesubstrat einzustellen, empfiehlt es sich,

▲ Abb. 259. Weibchen bei Probegrabungen im Terrarium. Foto: M. Decker

▶ Abb. 260. Weibchen beim Graben in der Eiablagebox. Die Abdeckplatte wurde zu Fotozwecken weggeschoben. Foto: F. Schuchmann

einen Spotstrahler über der Stelle zu installieren oder die Schale an einen warmen Platz im Terrarium zu stellen. Eine Heizmatte unter der Eiablagestelle ist nicht zu empfehlen, denn sie führt zu einer unnatürlichen Aufheizung der unteren Schichten und kann bei dem grabenden Weibchen zur Einstellung der Grabeaktivität führen. Bei doch erfolgter Eiablage können die Eier austrocknen oder sogar verbacken.

Als **Eiablagesubstrat** kann man Sand oder eine Sand-Lehm-Blumenerde-Mischung verwenden, die mäßig feucht gehalten und in der Eiablageschale stark zusammengepresst wird, damit sie stabil bleibt. Wichtig ist, dass das Eiablagesubstrat grabfähig ist, jedoch bei Grabetätigkeiten weder nachrutscht noch zusammenbrechen kann.

▲ Abb. 261. Eiablage in einer Eiablagebox. Foto: F. Schuchmann

▲ Abb. 262. Werden die Terrarienscheiben höher eingesetzt, kann der Bodengrund für die Eiablage hoch eingefüllt werden. Foto: U. Schuster

▲ Abb. 263-265. Der Vorgang der Eiablage. Fotos: U. Dost

▶ Abb. 266. Während der Eiablage. Foto: L. Dodd

Hat das Weibchen eine geeignete Eiablagestelle gefunden, gräbt es mit den Vorderbeinen und schiebt das geförderte Material mit den Hinterbeinen weg. JOHNSTON (1979) beschreibt, dass von ihm untersuchte Eiablagehöhlen im natürlichen Lebensraum nach 35 cm und einer Tiefe von 20 cm in einem 45° Winkel nach links abknickten, 5 cm weiter abgesenkt wurden und schließlich in einer 8–10 cm weiten Eiablagekammer endeten. HAUSCHILD (2000b) zeigt in einem Bericht eine aufgegrabene Eiablagehöhle, die in einem 120° Winkel nach rechts verläuft.

▼ Abb. 267. Weibchen beim Graben einer Eiablagehöhle im Terrarium. Foto: T. Clarke

▲ Abb. 268. Weibchen einer *Pogona vitticeps* bei der Eiablage. Foto: M. Moore

## Form der Eiablagehöhle

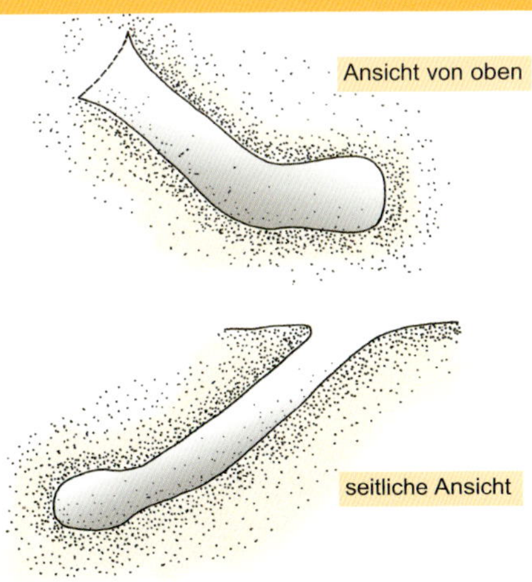


▲ Abb. 269. Eiablagehöhle von *Pogona vitticeps* (verändert nach JOHNSTON 1979).

Das Weibchen sollte sich komplett in die Eiablagehöhle zurückziehen können. In der Eiablagekammer legt es jetzt sein Gelege mit meist 20–30 Eiern ab.

▼ Abb. 270. Weibchen in der Eiablagehöhle. Foto: S. Heinrich

▲ Abb. 271. Ein Ei tritt gerade aus der Kloake aus. Foto: U. Dost

▲ Abb. 272. Das Weibchen bleibt bis zum Ende der Eiablage unter der Erde. Foto: B. Langerwerf

Das größte bislang bekannt gewordene Gelege einer Bartagame (*P. vitticeps*) umfasste 68 Eier (VOSJOLI et al. 2001)! Wenn das Weibchen die Eier abgelegt hat, gräbt es die Höhle mit den Hinterbeinen wieder zu, stößt mit der Schnauze den Boden fest und glättet unter Zuhilfenahme des Schwanzes die Eiablagestelle, bis die Stelle nahezu nicht mehr vom Umfeld zu unterscheiden ist (JOHNSTON 1979). Das Weibchen hält sich dann noch eine Weile in der Nähe der Eier auf. Eine weitere Brutfürsorge findet nicht statt. Beobachtungen auf der Sandfire-Dragon-Ranch (MAILLOUX pers. Mitt.) zeigen, dass die meisten Weibchen ihre Eier am Nachmittag (zwischen 13 und 18 Uhr) ablegen. Nach frühestens 3–4 Wochen können die Weibchen weitere Gelege ablegen. Während einjährige Weibchen oft nur ein kleines Gelege absetzen, können zwei- und dreijährige Tiere bis zu sieben Gelege pro Saison produzieren (VOSJOLI et al. 2001). Mit Erreichen des fünften Lebensjahres reduziert sich die Gelegegröße und Legehäufigkeit, bis die Fortpflanzungsaktivitäten schließlich ganz eingestellt werden.

▼ Abb. 273. Deutlich ist die Keimscheibe bei einigen Eiern als runder Fleck zu erkennen (siehe Pfeile). Das bedeutet, dass das Ei befruchtet ist. Fotos: L. Dodd

▲ Abb. 274. Nach der Eiablage verschließt das Weibchen die Höhle mit den Hinterbeinen und stößt den Boden mit der Schnauze fest. Foto: S. Heinrich

Während der Eiablage darf das Weibchen nicht gestört werden. Sobald das Tier sich aber vom zugegrabenen Gelege entfernt, kann man die Eier entnehmen. Es empfiehlt sich aber, eine Weile zu warten, da die Eier noch ein wenig aushärten und dadurch widerstandsfähiger werden. Wenn am Boden des Behälters eine Bodenheizung angebracht ist, sollte das Gelege schnellstmöglich entnommen werden, da die Eier sonst bald verderben.

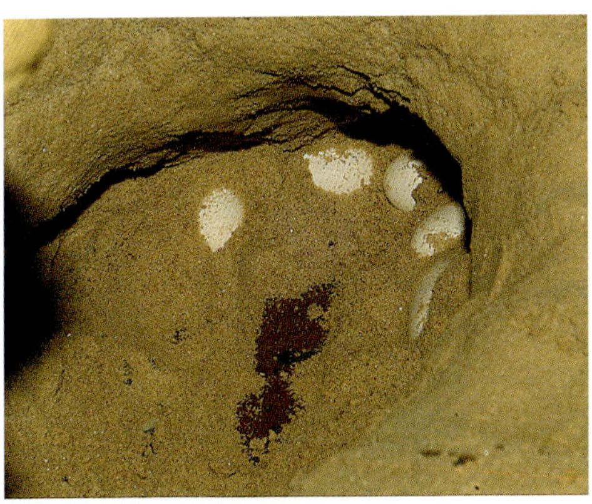

Nach der Eiablage ist das Weibchen geschwächt und nimmt Wasser auf, das man zur zusätzlichen Kalziumversorgung mit Kalziumlaktat (ein Teelöffel pro 250 ml) versetzen kann.

◄ Abb. 275. Aufgegrabenes Gelege. Foto: S. Heinrich

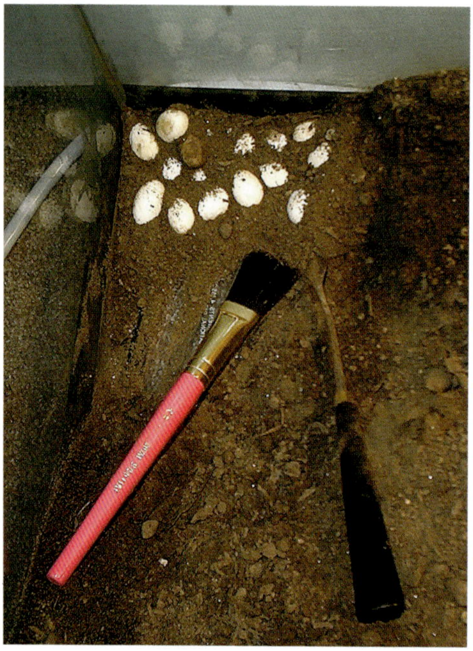

▲ Abb. 276. Vorsichtig wird das Gelege freigelegt. Das braune Ei ist unbefruchtet und muss aussortiert werden. Foto: K. Affonce

▲ Abb. 277. Die Eier dürfen bei der Bergung und auch danach nicht gedreht werden. Foto: K. Affonce

## Inkubation der Eier

Im Terrarium haben die Eier sehr unkonstante Bedingungen und es besteht immer die Gefahr, dass die Elterntiere Eier oder schlüpfende Jungtiere fressen. Die Eier sollten deshalb in einem Inkubator künstlich bebrütet werden. Um die Eier zu entnehmen, muss man sie erst ganz vorsichtig freilegen. Dabei kann man einen großen Pinsel zu Hilfe nehmen.

Die Eier dürfen nicht gedreht werden, da – anders als in einem Vogelei – der Embryo nach einiger Zeit nicht mehr frei beweglich ist und vom Dottersack erdrückt werden kann (KÖHLER 1997).

Um ein unbeabsichtigtes Drehen der Eier zu vermeiden, kann die Oberseite des Eies markiert werden (beispielsweise mit einem weichen Bleistift). Man überführt die Eier jetzt einzeln auf ein geeignetes **Brutsubstrat**. Als Inkubationssubstrate mit den besten Resultaten haben sich Vermiculite und Perlite erwiesen, aber auch Sand und andere Substrate sind geeignet. Das Vermiculite wird mit Wasser in einem Gewichtsverhältnis von ca. 4:3 bis 4:2 (z.B. 100 g Vermiculite mit 50 g = 50 ml Wasser) gemischt. Angefeuchtetes Substrat sollte sich nur leicht feucht anfühlen und wenn man es zwischen den Fingern zusammenpresst, darf kein Wasser mehr hervortreten. Da gerade Anfänger meist zu feucht inkubieren, kann man zur

▲ Abb. 278. Das Inkubationssubstrat ist noch zu feucht, es tropft Wasser beim Zusammendrücken heraus. Foto: K. Grießhammer

▲ Abb. 279. Eier auf Vermiculite als Brutsubstrat. Foto: U. Dost

▲ Abb. 280. "Heimchendosen" eignen sich gut als Inkubationsbehältnis. Foto: K. Grießhammer

Sicherheit noch eine fingerdicke Schicht trockenes Vermiculite auftragen. Als Inkubationsbehältnis kann man "Heimchendosen" (Transportschachteln der Futterinsekten) verwenden. Man füllt sie halbvoll mit dem Inkubationssubstrat. Das Substrat sollte bereits Inkubationstemperatur haben, wenn die Eier eingebracht werden. Da die Eier im Laufe der Inkubation durch Feuchtigkeitsaufnahme wachsen, sollte man den Abstand nicht zu gering wählen – aber auch eine Berührung stellt in der Regel kein Problem dar. So kleben auch während der Eiablage immer mal einige Eier zusammen, die man nur trennen muss, wenn ein Ei unbefruchtet oder verdorben ist (zur Vorgehensweise s. KÖHLER 2004). **Unbefruchtete Eier** sind schlaff bzw. ohne Spannung, klebrig und gelblich/bräunlich (vgl. braunes Ei auf Abb. 276). Sie haben ebenso wie beschädigte Eier, aus denen Flüssigkeit austritt, keine Chance Jungtiere hervorzubringen. Sind die Eier in das Substrat gebettet, bringt man die Inkubationsbehälter in eine Brutmaschine, einen Inkubator. Dieser Inkubator hat die Aufgabe, die Temperatur in dem Bereich zu halten, der benötigt wird, um dem Embryo das Wachstum zu ermöglichen.

Die **Bruttemperatur** sollte im Bereich von 26–29°C liegen (Temperatur in Höhe der Eier messen). Temperaturen oberhalb 30°C erhöhen die Wahrscheinlichkeit, dass keine oder nur missgebildete Jungtiere schlüpfen.

▲ Abb. 281. Flächenbrüter. Foto: M. Decker

▲ Abb. 282. Blick in einen selbstgebauten Brutschrank. Foto: M. Decker

Es ist von zahlreichen Reptilienarten bekannt, dass die Inkubationstemperatur Einfluss auf das Geschlecht der Jungtiere hat (KÖHLER 1997). Studien haben ergeben, dass Bartagamen über eine genetisch festgelegte Geschlechtsdeterminierung verfügen und sogenannte ZZ/ZW-Mikro-Geschlechtschromosomen haben (EZAZ et al. 2005, 2009). Die Weibchen (ZW) sind also das heterogametische Geschlecht. Es konnte aber gezeigt werden, dass Embryonen, die genetisch als Männchen angelegt sind (ZZ), durch hohe Inkubationstemperaturen (34–36°C) zu phänotypischen Weibchen werden (QUINN et al. 2007, 2010). Wenn die Temperaturen nachts leicht (um 3–6 °C) absinken (Tag-Nacht-Schwankungen der Inkubationstemperatur), schlüpfen oftmals agilere Tiere. Eine Nachtabsenkung läßt sich bei einigen Inkubatormodellen einstellen. Vor- und Nachteile einer Nachtabsenkung der Inkubationstemperatur sind bei Bartagamen jedoch noch nicht unter-

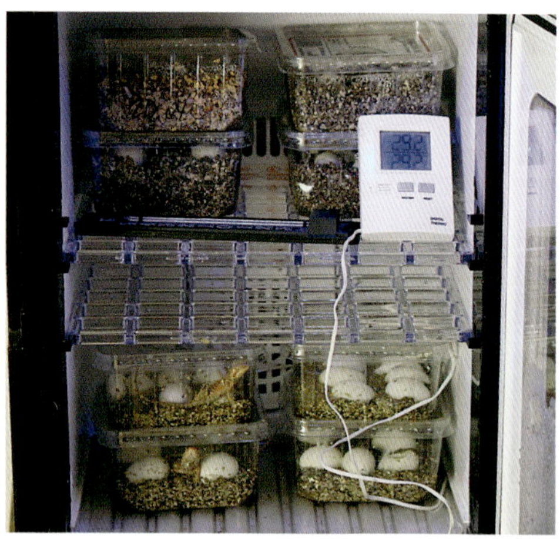

▶ Abb. 283. Geöffneter Brutschrank (Lucky Reptile). Foto: M. Konrad

sucht. Zahlreiche Inkubatormodelle werden für Reptilien angeboten. Sehr verbreitet sind Flächenbrüter (z.B. die "Kunstglucke" von Jaeger oder Modelle von Bruja), aber auch andere Geräte sind geeignet (z.B. von Lucky Reptile). Motorbrüter nach BROER & HORN (1985) sind von hoher Qualität, aber auch etwas aufwendig. Bartagameneier sind nicht sehr empfindlich, so dass auch mit einfachen Modellen Schlupfergebnisse bis 100% erzielt werden können. Es schlüpften schon Jungtiere aus Brutbehältern, die einfach in die Nähe warmer Vorschaltgeräte gestellt wurden! Brutschränke sollten generell an einem erschütterungsfreien Ort aufgestellt werden, an dem die Temperaturen möglichst konstant bleiben. Auch im weiteren Verlauf der Inkubation dürfen die Eier nicht gedreht werden (Markierung auf der Oberseite!). Bei der mindestens wöchentlich durchzuführenden **Kontrolle der Inkubation** überprüft man Brutsubstrat und Eier.

Eier, die sich verfärben und zu riechen anfangen oder gar von Schimmel befallen sind, sind abgestorben und umgehend zu entfernen.

### Eigenbau eines Brutapparates

Eine der einfachsten Methoden zur Inkubation von Reptilieneiern ist die sogenannte **Aquarienmethode** (Abb. unten). Hierzu füllt man ein kleines Aquarium o.ä. mit Wasser, bis ein Wasserstand von ca. 10 cm erreicht ist. Auf Abstandshalter, wie beispielsweise Ziegelsteine stellt man nun einen verschließbaren kleineren zweiten Behälter, in den man später die Inkubationsbehältnisse stellt. Durch eine Glasplatte auf dem Aquarium werden ein übermäßiges Verdunsten des Wassers und starke Temperaturschwankungen vermieden. In den Wasserteil versenkt man einen Aquarienheizstab oder legt eine Heizmatte unter das Aquarium. Mittels eines Thermometers im kleineren Behälter muss man dann so lange die Einstellungen des Thermostates variieren, bis die gewünschte Temperatur erreicht ist.

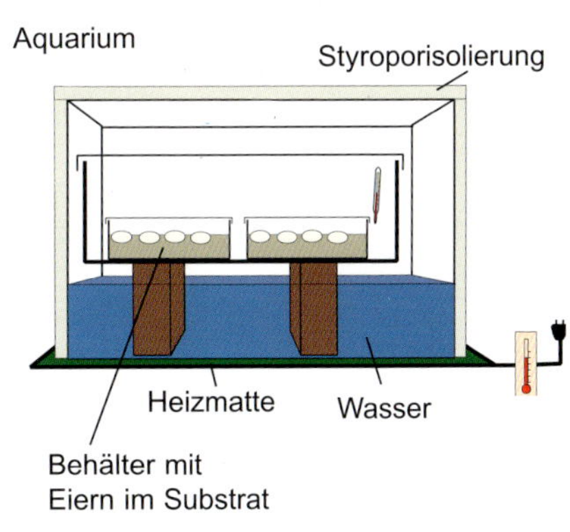


▲ Abb. 284. Schemazeichnung eines selbstgebauten Brutapparates.

◄ Abb. 285. Brutschalen mit Perlite als Inkubationssubstrat. Die dunklen Eier sind abgestorben. Foto: K. Affonce

Eier, bei denen man sich nicht sicher ist, ob sie noch in Ordnung sind, werden in einzelnen Dosen isoliert, da Schimmelsporen auch auf gesunde Eier übertragen werden können.

Die Feuchtigkeit des Brutsubstrates nimmt durch Verdunstung und Wasseraufnahme der Eier ab und nach Bedarf muss nachbefeuchtet werden. Die Eier sollten aber nie in direkten Kontakt mit Wasser kommen!

▲ Abb. 286. Pralles Ei kurz vor dem Schlupf. Foto: G. Köhler

Es hat sich bewährt, mit einer Spritze das Wasser in die Ecken oder Eizwischenräume zu geben oder in großen Brutbehältern ein Rohr bis zum Boden zu schieben, durch das man die Flüssigkeit einfüllen kann. Die Eier selbst nehmen durch die Flüssigkeitsaufnahme an Volumen zu. Der Embryo ernährt sich von dem Dottersack und nimmt über die poröse Eihülle Sauerstoff auf.

▲ Abb. 287. Vor dem Schlupf fällt das Ei ein und bekommt Dellen. Foto: G. Köhler

Nach rund 50–70 Tagen sind die kleinen Bartagamen schlupfreif.

Oftmals tritt rund 24 Stunden vor dem Schlupf Wasser aus den Eiern aus, es sieht dann so aus, als ob sie schwitzen. Meist fallen die Eier kurz vor dem Schlupf auch ein wenig ein. Vermutlich tritt das "Schwitzen" vor allem bei Eiern auf, die übermäßig Wasser aufgenommen haben, also zu feucht inkubiert wurden. Deshalb ist es empfehlenswert, während der letzten zwei Wochen der Inkubation das Substrat nicht mehr nachzufeuchten.

▲ Abb. 288. Dieses Ei "schwitzt" vor dem Schlupf. Foto: U. Dost

▲ Abb. 289. Das Jungtier hat die Eischale aufgeschlitzt. Foto: G. Köhler

▲ Abb. 293. Auf Vermiculite zeigen sich sehr gute Schlupfergebnisse. Foto: K. Grießhammer

▲ Abb. 290. Schlupferfolg auf einem Brutsubstrat aus Seramis und Moos. Foto: U. Dost

Einige Stunden darauf schneiden die Bartagamen mit einem kleinen Eizahn, der nur diese eine Aufgabe hat und dann abfällt, einen Schnitt in die Schale. Sie schieben dann zuerst ihren Kopf hindurch und beginnen mit der Lungenatmung.

Der Schlupfvorgang ist sehr anstrengend und die Jungtiere lassen sich Zeit. Es kann über 24 Stunden vom Anritzen bis zum Verlassen der Eihülle dauern. Wenn sie sich aus dem Ei befreit haben, kann

▶ Abb. 291. Erfolgreiche Nachzucht von "Hypo" und "Hypo-Leatherback"-Varianten. Foto: M. Konrad

◀ Abb. 292. Bevor das Jungtier ganz schlüpft, verharrt es oft noch stundenlang im Ei. Foto: G. Köhler

▲ Abb. 294. Manche Schlüpflinge sind gleich nach dem Schlupf fit und agil, andere brauchen noch Zeit, um den Dottersack restlos zu resorbieren. Foto: D. Hirschinger

◀ Abb. 295. Frisch geschlüpfte Jungtiere müssen sehr vorsichtig behandelt werden. Foto: G. Köhler

man sie vorsichtig aus dem Inkubator herausnehmen. Man sollte die Bauchseite der Schlüpflinge inspizieren. Gelegentlich haben sie den Dottersack nicht vollständig aufgenommen. Dann stellt man die Tiere mit einer "Heimchendose", auf deren Boden feuchter Zellstoff liegt, noch einmal für 24 Stunden in den Brutschrank.

◀ Abb. 296. Dieses Jungtier hat den Dottersack nicht vollständig resorbiert. Foto: K. Grießhammer

▲ Abb. 297. Schlüpfling in einer "Heimchendose" mit feuchtem Zellstoff. Foto: D. Hirschinger

▲ Abb. 299. Sehr agiles Jungtier. Foto: C. Stancel

Man sollte sich nicht dazu verleiten lassen, bei überschrittenem Schlupftermin manuelle Schlupfhilfe zu leisten. Meistens öffnet man die Eier zu früh und die Embryonen sterben ab.

Wenn befruchtete Eier nicht zum Schlupf kommen, liegt das nicht unbedingt an ungünstigen Inkubationsbedingungen; in solchen Fällen ist die Ursache oft in einer mangelhaften Nährstoffversorgung des Muttertieres zu suchen.

Besonders bei Arten, die unter Terrarienbedingungen leicht zu vermehren sind, wie z.B. *Pogona vitticeps*, ist es oftmals nicht einfach, die eigenen Nachzuchttiere in gute Hände abzugeben. Deshalb sollte man sich möglichst früh vergewissern, an wen man die Jungtiere später abgeben kann. Gegebenenfalls muss man sich überlegen, ob man überhaupt alle gelegten Eier inkubieren möchte. Ein einzelnes Weibchen kann im Extremfall über hundert Jungtiere pro Jahr hervorbringen und man muss mehrere Aufzuchtterrarien betreiben, um diese nach Größe sortiert unterzubringen.

▶ Abb. 298. Bartagamen sind sehr vermehrungsfreudig. Foto: S. Heinrich

## Aufzucht der Jungtiere

Während adulte Bartagamen relativ einfach zu pflegen sind, darf die Aufzucht der Jungtiere nicht unterschätzt werden. Häufig werden hier aus Unwissenheit oder Zeitmangel Fehler gemacht, die zum raschen Tod der kleinen Bartagamen führen.

Aufzuchtterrarien sollten nicht zu klein geraten, aber stets so übersichtlich sein, dass alle Bartagamen an Futter gelangen, da die Kleinen sonst trotz großem Futterangebot verhungern können. Das Terrarium sollte nach Möglichkeit mit den Tieren "wachsen" und in der Ausstattung dem Becken der Adulttiere entsprechen. Ein Terrarium der Größe 100x50x50 cm (LxBxH) ist für die ersten Monate für eine kleine Gruppe junger Bartagamen ausreichend.

▲ Abb. 301. Ein Jungtierterrarium bedarf der besonderen Aufsicht des Pflegers. Foto: K. Grießhammer

▲ Abb. 300. Zellstoff eignet sich wegen der leichten Reinigung während der ersten Wochen als Bodengrund. Foto: K. Affonce

Eierkartonpappe bietet viele Versteck- und Klettermöglichkeiten und kann regelmäßig ersetzt werden. Als Bodensubstrat eignet sich für die ersten Lebenswochen Küchenpapier oder Zeitung und später die gleichen Materialen wie bei den Alttieren.

Ein Teil des Terrariums sollte morgens übersprüht und ständig eine feuchte Höhle angeboten werden. Auch eine kleine Schale mit sauberem Wasser muss immer zur Verfügung stehen. Die Jungtiere trinken oftmals noch nicht frei-

▲ Abb. 302. Jungtier bei der Grillenfütterung. Foto: G. Köhler

▼ Abb. 303-304. Jungtiere beim Tränken. Fotos: G. Köhler

willig aus einer Wasserschale, sie beziehen aber die benötigte Feuchtigkeit aus dem frischen Grünfutter und den Futtertieren. Auch wenn sie gelegentlich durch die flache Wasserschale laufen, nehmen sie oft ein wenig Wasser auf. Sollten die Jungtiere weder Grünfutter noch Sprühwasser oder Wasser aus der Schale annehmen, sollte den Jungtieren alle paar Tage ein wenig Flüssigkeit mit einer Pipette angeboten werden. Dazu träufelt man ihnen ein paar Tropfen auf den Maulspalt und die jungen Bartagamen schlecken sie dann auf.

Nach dem Schlupf kann es einige Tage bis zu einer Woche dauern, bis die jungen Agamen Futter annehmen. Gefüttert werden die Jungtiere mit den gleichen Futtertieren und Futterpflanzen wie die ausgewachsenen Bartagamen (vgl. S. 98ff).

Als Grundregel gilt jedoch, dass das Futter nicht massiger sein darf, als der Kopf der Tiere breit ist.

Die kleinen Bartagamen sollten in den ersten Monaten mehrmals täglich mit lebenden Insekten gefüttert werden. Die Jungtiere sind sehr futtergierig und verbeißen sich auch schon einmal in den Extremitäten ihrer Geschwister. Manche Exemplare bilden eine besondere Vorliebe für diese "Futterergänzung" aus und müssen separiert werden.

Es ist von Vorteil, wenn immer Futter im Jungtierterrarium vorhanden ist (z.B. eine Golliwoog Pflanze). Beobachtungen zeigen, dass sich die Jungtiere dann seltener gegenseitig beißen.

Überzählige Futtertiere – insbesondere Grillen und Heimchen – können nachts zur Gefahr für die schlafenden Babyagamen werden. Hungrige Grillen können an den Bartagamen teils schwere Wunden hinterlassen. Man sollte also stets darauf achten, nicht zu viele Futtertiere im Aufzuchtterrarium zu belassen und diesen immer Futter anzubieten (z.B. ein Stück Karotte).

◀ Abb. 305. Kalzium z.B. in Form von Sepia Stückchen muß immer angeboten werden (Jungtier von *P. henrylawsoni*). Foto: U. Dost

▲ Abb. 306. Manche Jungtiere müssen separiert werden. Foto: G. Köhler

▼ Abb. 307. Bei der Fütterung: Die Futtertiere müssen immer mit Mineralstoffen eingestäubt werden. Foto: U. Dost

Pflanzliches Futter sollte den kleinen Bartagamen immer zur Verfügung stehen (vgl. Kapitel Ernährung). Neben einer Variation verschiedener Blatt- und Gemüsesorten, die in maulgerechte Stückchen geschnitten werden, eignen sich Kräuterstämmchen oder Golliwoog-Pflanzen, die im Topf frisch bleiben, bis sie gefressen werden, sehr gut.

Im ersten halben Jahr wachsen die Bartagamen am schnellsten in die Länge, danach werden sie breiter und kräftiger. Wenn die Jungtiere 20 cm Gesamtlänge (für *P. vitticeps*) erreicht haben, nehmen die kannibalischen Tendenzen gegenüber Artgenossen ab. In dieser Größe fressen sie auch mehr pflanzliches Futter. Bartagamen, die unter optimalen Beleuchtungs- und Temperaturbedingungen bei gleichzeitiger Gabe überdurchschnittlicher Futtermengen aufgezogen werden, können bereits mit einem halben Jahr geschlechtsreif werden (Vosjoli et al. 2001)! Besser ist es jedoch, wenn sie erst nach der ersten oder sogar zweiten Winterruhe zur Zucht verwendet werden. *Pogona vitticeps* wird mit einer Gesamtlänge von 30 bis 40 cm geschlechtsreif. Man sollte mit der Zucht jedoch warten, bis die Tiere 40 cm Gesamtlänge überschritten haben.

▲ Abb. 309. Dieses Jungtier hat einen kleinen Wurm in der Futterschale entdeckt. Foto: G. Köhler

▶ Abb. 308. Eine Gruppe von Jungtieren auf dem Futterteller. Foto: L. Dodd

Um die bei der Aufzucht leider häufig zu beobachtenden rachitischen Erkrankungen zu vermeiden, wird den Jungtieren stets Kalzium angeboten, und die Futtertiere werden bei jeder Fütterung mit einem Vitamin-/Mineralstoffpräparat bestäubt. Zusätzlich ist eine geeignete UV-Bestrahlung notwendig (z.B. mit einer dauerhafen Beleuchtung einer Bright Sun UV Desert).

▲ Abb. 310. Ein Aufenthalt im Freilandterrarium ist in der Sommerzeit wegen der ungefilterten Sonnenstrahlung dringend anzuraten. Foto: U. Dost

In einem Aufzuchtterrarium mit mehreren Jungtieren ist eigentlich immer etwas los und die Zeit für die (ent-) spannenden Beobachtungen muss man sich einfach nehmen. Neben dem menschlichen Erholungswert lässt sich auch abweichendes Verhalten bei den Tieren besser entdecken.

Eine Aufzucht in kleinen Gruppen empfiehlt sich bei Jungtieren, außer bei *Pogona vitticeps* und *P. henrylawsoni*, nur in den ersten Tagen nach dem Schlupf. Aber auch bei diesen Arten können sich schon nach kurzer Zeit **Rangordnungen** ausbilden. Dies führt zwangsläufig zu Stress bei den unterlegenen Tieren, was sich durch Dunkelfärben und den verzweifelten Versuch, sich aus dem Wirkungskreis des dominanten Tieres zu entfernen, äußert. Ein deutliches Zeichen hierfür ist das Zappeln und "Hampeln" an den Glasscheiben des Terrariums. Da eine Flucht bei den eingeschränkten Bedingungen im Terrarium nicht möglich ist, verstärkt sich der Druck auf das unterlegene Tier immer mehr und kann schließlich zum Stresstod führen. Eine andere Variante der Stresswirkung bei den unterlegenen Tieren ist das sogenannte Kümmern des Tieres. Die kleine Bartagame liegt die meiste Zeit mit geschlossenen Augen auf den Boden gepresst und frisst – wenn überhaupt – nur sehr zögerlich. Die ohnehin dominieren-

▲ Abb. 311. Schnell entwickelt sich eine Rangordnung in der Jungtiergruppe. Foto: K. Grießhammer

▲ Abb. 312. Frisch geschlüpftes und sechs Wochen altes Jungtier im Größenvergleich. Foto: K. Grießhammer

den Tiere fressen jetzt zusätzlich deren Futter, wachsen noch schneller und attackieren schließlich ihre kleineren Geschwister. Trennt man die dominanten Exemplare nicht von den restlichen Jungtieren, so ist das Schicksal der unterdrückten Tiere besiegelt. Besonders schwache Tiere, die es immer wieder gibt, müssen einzeln aufgezogen werden.

Der Wachstumsunterschied kann bei einem einzigen Wurf sogar so groß sein, dass die kleinen Exemplare auf einmal in das Nahrungsspektrum der größeren passen und gefressen werden!

Den allzu frühen Beginn von Rangkämpfen kann man verzögern, indem man auf erhöhte Plätze im Terrarium verzichtet.

Wenn die Elterntiere schon mit Parasiten oder bestimmten Bakterien infiziert waren, können diese in vielen Fällen auch auf die Jungtiere übertragen werden. Bei schlechter Abwehrsituation des Immunsystems (z.B. bei Stress) kann es bei den juvenilen Bartagamen zu einer Massenvermehrung von *Pseudomonas*, *Hexamita* u.a. kommen. Man kann dann praktisch zusehen, wie die Tiere durch Absetzen der Flüssigkeit regelrecht austrocknen und das Skelett sich klar durch die Haut abzeichnet. Wegen der geringen Größe der Jungtiere ist eine medikamentöse Behandlung und somit Rettung oft nicht erfolgreich.

Nicht selten sterben einzelne Kümmerlinge, auch wenn sie unter besten Bedingungen aufgezogen wurden, ohne

◄ Abb. 313. Jungtiere im Alter von drei Wochen. Foto: G. Köhler

▲ Abb. 314. Jungtiere klettern gerne, jedoch muss man genau beobachten, ob eine Rangordnung entsteht und manche Tiere unterdrückt werden. Foto: B. Langerwerf

erkennbare Auslöser. Hierfür sind vermutlich Störungen in der Embryonalentwicklung verantwortlich. Die Jungtiere sind in den ersten Monaten noch recht schreckhaft und man sollte sie nicht unnötig aus dem Terrarium nehmen, da ihnen sowohl der Stress als auch Fluchtsprünge von der Hand schaden können. Ein häufig bei der Aufzucht von Bartagamen zu beobachtendes Problem ist das Absterben von Teilen des Schwanzes. Sowohl Verletzungen durch Bisswunden und Quetschungen, aber häufig auch Häutungsschwierigkeiten, hervorgerufen durch zu trockene Haltung oder Vitaminmangel, sind meistens die Ursachen.

Hartnäckige Häutungsreste und Einschnürungen müssen so schnell wie möglich entfernt werden, damit das Gewebe weiterhin gut durchblutet wird.

▲ Abb. 315-316. Manche Jungtiere ändern ihre Farbe und Zeichnung in den ersten Monaten noch stark. Oben: im Alter von 6 Wochen. Unten: die gleichen Jungtiere im Alter von 3 Monaten. Fotos: K. Affonce

Sollte dennoch Gewebe absterben, spricht man von einer Nekrose. Man erkennt diese an einer Verfärbung, Gefühlsstörungen (reagiert nicht auf Druckreize) und schließlich auch an

▲ Abb. 317-319. Die Häutung beginnt meistens am Kopf und die Haut löst sich im Idealfall in großen Stücken ab. Zehen und Schwanz müssen trotzdem auf Häutungsreste hin kontrolliert werden. Fotos: G. Köhler/ K. Grießhammer

**Check-up Aufzucht:**

✓ Jungtiere müssen von den erwachsenen Tieren getrennt aufgezogen werden.

✓ Temperatur und Beleuchtungszeit wie bei den erwachsenen Tieren.

✓ Klein-Gruppenhaltung ist möglich, aber wegen der Gefahr des Kannibalismus nur gleichgroße Jungtiere vergesellschaften sowie dominate Tiere von schwachen Tieren trennen (regelmäßige Kontrolle!)

✓ Fütterung: von Anfang an pflanzliches Futter anbieten; mehrmals täglich Insekten anbieten, eingestäubt mit Mineralstoff/Vitaminpulver; Flüssige Vitamine nach Dosierung vgl. auch S. 122ff.

✓ Auf Flüssigkeitsbedarf achten: Wasserschale bereitstellen und evtl. tränken.

✓ Um Rachitis vorzubeugen: Schale mit Sepiabröckchen bereitstellen und Beleuchtung mit z.B Bright Sun UV Desert.

✓ Einrichtung: gut strukturiertes Terrarium mit Sichtbarrieren.

einer Verhärtung im betroffenen Bereich. Dann muss der Tierarzt den Schwanz im noch gesunden Bereich abnehmen und die offene Wunde veröden. Geschieht dies nicht, besteht die Gefahr, dass durch Einschwemmungen von toxischen Substanzen noch größere Bereiche des Schwanzes absterben und die Bartagamen sogar Leber- oder Nierenversagen erleiden können.

**Abgabe von Bartagamen**

✓ Wenn sich Nachzucht einstellt, sollten Sie sich baldmöglichst um neue Pfleger bemühen. Eine kurzfristige Vermittlung ist oft nicht möglich und geht meist auf Kosten der Tiere.

✓ Geben Sie die Tiere nur ab, wenn Sie sich sicher sind, dass die neuen Besitzer über ausreichend Platz und Sachkenntnis verfügen und echtes Interesse an den Tieren haben. Am besten, Sie besuchen den neuen Pfleger und schauen sich die Gegebenheiten an.

✓ Gelegentlich findet man Bekannte, die Tiere übernehmen können. Üblicherweise muss man aber Kleinanzeigen schalten. Lokale Kleinanzeigenjournale und verschiedene Homepages bieten die Möglichkeit, Tiere anzubieten. Auch der spezialisierte Zoofachhandel nimmt gelegentlich Tiere an.

✓ Auch wenn Sie selbst das Interesse an den Bartagamen verlieren und sich dies in mangelnder Pflege äußert, sollten Sie Ihre Einstellung überdenken. Geben sie Tiere lieber ab, als sie unter nicht artgerechten Bedingungen zu halten.

✓ Setzen Sie Bartagamen niemals aus, denn das würde schon bald mit dem oftmals qualvollen Tod des Tieres enden.

# Kommerzielle Zucht

Bartagamen sind populäre Terrarienpfleglinge, haben eine hohe Reproduktionsrate, ein schnelles Wachstum, und manche Farbvariationen haben einen hohen Marktwert. Dies sind alles Kriterien, die diese Tiere für professionelle Züchter interessant machen. Andere Faktoren limitieren aber den marktwirtschaftlichen Nutzen: Bartagamen ernähren sich zu einem hohen Anteil von Insekten (neben vegetarischer Kost), benötigen je nach geografischem Standort viel Strom, und die Jungtiere können wegen innerartlicher Aggressivität nur in kleinen Gruppen aufgezogen werden. Zur kommerziellen Zucht haben sich zwei Methoden bewährt: die Vermehrung in Gewächshäusern oder in modifizierten Terrarienanlagen. In den südlichen Regionen der USA und in Spanien haben sich einige Zuchtfarmen etabliert. Um die Stromkosten niedrig zu halten, werden die Agamen in kleinen Gruppen in gewächshausähnlichen Gebäuden gepflegt, in denen nur in besonders kühlen Klimaperioden zusätzlich eine Beheizung eingesetzt werden muss. In Deutschland ist diese Art der Haltung aufgrund der klimatischen Bedingungen natürlich nicht möglich. Durch die Unverträglichkeit werden pro Behälter meist nur ein Männchen mit bis zu sechs Weibchen vergesellschaftet. Der hohe Futterbedarf der Agamen wird durch den Anbau von Futterpflanzen und eine

▲ Abb. 321. Die Farm "Agama International" in Alabama. Foto: B. Langerwerf

eigene Insektenzucht gedeckt. Um die Arbeitszeit zu verkürzen, eine genauere Übersicht über die Wasseraufnahme der einzelnen Tiere zu haben und hygienische Bedingungen zu schaffen, werden zweimal wöchentlich größere Wasserbassins in die Freilandterrarien gestellt. Die Jungtiere können nur in kleinen Gruppen aufgezogen werden, um aggressives Verhalten und das stressbedingte Zurückbleiben einzelner Tiere zu verhindern. Dies ist recht arbeitsintensiv, aber unabdingbar. Ein großes Problem kann sich mit dem Einschleppen von Parasiten (Coccidien, Nematoden, Milben) ergeben. In freier Wildbahn leben nur wenige Tiere pro Quadratkilometer und der Kot wird recht schnell den biologischen Kreisläufen zugeführt. In den Freilandterrarien leben die Tiere jedoch auf recht engem Raum und kommen unweigerlich mit dem eigenen Kot und dem der anderen Agamen in Kontakt. Das Immunsystem der Bartagamen ist hierfür nicht vorbereitet und eingeschleppte Parasiten können sich rasch im ganzen Bestand verbreiten. Hier zeigt sich ein Nachteil der relativ großflächigen und naturalistisch eingerichteten Terrarien, da es sehr schwer sein kann, diese zu desinfizieren. Um Inzucht zu vermeiden und bei Farbzüchtungen den Überblick über den genetischen Ursprung zu haben, ist das Führen eines Zuchtbuches nötig, in dem Ursprung und Entwicklung jedes Individuums sorgfältig aufgezeichnet werden. Beim Versand der Tiere zu Groß- und Einzelhändlern oder auch zu privaten Pflegern müssen die Transportzeiten im Vergleich zu anderen Arten sehr kurz gehalten werden, da die Bartagamen sehr empfindlich auf diesen Stress reagieren und bereits nach wenigen Tagen des Transports sterben können (B. Langerwerf pers. Mitt.).

Die stärker verbreitete Haltungsvariante ist die Zucht in Terrarienanlagen. Um Platz zu sparen, sind diese Becken relativ flach, werden aufeinander gestapelt und mit 2–3 adulten Bartagamen besetzt. Somit läßt sich auf wenigen Quadratmetern eine große Anzahl von Tieren halten. Um die Reinigung der Terrarien zu vereinfachen, sind sie sehr spartanisch eingerichtet. Typischerweise wird Zeitungspapier als Bodensubstrat verwendet und eine kleine Höhle und eine Wasserschale angeboten. Um Strom zu sparen, wird die Beleuchtung auf das absolute Minimum reduziert: Leuchtstoffröhren und Spotstrahler sorgen meist für die Versorgung mit Licht und Wärme. Da die Terrarien sehr flach sind, ist auch die Versorgung mit UV-Licht durch die Leuchtstoffröhren gewährleistet. Die Abwärme des Terrariums beheizt dann auch gleich den Boden des darüber stehenden Terrariums. Aus Gründen der Hygiene und Kosteneffizienz ist diese Haltung geeignet; in Deutschland und vielen anderen europäischen Ländern ist sie jedoch aus tierschutzrechtlichen Gründen so nicht möglich.

Während Züchter in vielen Ländern eine große Anzahl an Farbformen anbieten, gibt es in Europa einen anderen Trend: Die meisten europäischen Züchter beschränken sich auf wenige Zuchtvarianten und halten ihre Tiere in größeren und naturalistisch eingerichteten Terrarien, die dann auch den nationalen Gesetzen entsprechen. Wer in Deutschland im kommerziellen Stil züchten möchte, muss dies melden und sich gegebenenfalls auch genehmigen lassen. Gewinne aus züchterischer Tätigkeit sind dem Finanzamt zu melden. Egal ob ambitionierte Hobbyzucht oder auch die gewerbliche Zucht: Züchter sollten äußerst planvoll vorgehen. Niemandem – und vor allem nicht den Tieren! – ist damit geholfen, wenn in großer Quantität Bartagamen vermehrt werden, die anschließend keinen Abnehmer finden. Die Zusammenstellung der Zuchtpaare und die Anzahl der inkubierten Eier muss daher genau geplant werden. Während besondere Zuchtformen meist einen Abnehmer finden und oft auch hohe Preise erzielen, kann es fast unmöglich werden, "normale" Bartagamen abzugeben, die nicht den leider

▲ Abb. 322. Eine Aufzuchtanlage der "Carolina Classic Dragons" Farm. Foto: D. Freemann

▲ Abb. 323. "Witblits" Zuchtform auf einer Farm in Süd-Afrika. Foto: J. O'Dell

häufig wechselnden „Modegeschmack" treffen. Viele kommerzielle Züchter bestehen nicht lange am Markt, da sie den Aufwand unterschätzen und von unrealistischen Gewinnen ausgehen. Eine Infektion des Bestandes, neue „Trendfarbformen", Ausfall der Inkubatoren oder andere Probleme führen oft zu Frust. Langjährig erfolgreiche Züchter zeichnen sich meist durch die gleichen Attribute aus: Eine große Passion für Bartagamen, die Bereitschaft für einen stets gesunden Tierbestand und vitale Nachzuchten zu sorgen, gute Zusammenarbeit mit Behörden und Amtsveterinären, eine sehr gute Kommunikation mit Kunden und die Geduld, eigene Projekte herauszuarbeiten. Es gibt weltweit nur sehr wenige Menschen, die von der Zucht mit Bartagamen leben können. Aus oben genannten Gründen sollte eine Hobby- bzw. kommerzielle Zucht wohl überlegt sein.

▲ Abb. 324. Zuchtpärchen von *P. vitticeps* auf "Agama International". Foto: B. Langerwerf

# Zuchtformen

Abb. 320. "Translucent" Variante. (*Pogona vitticeps*). Foto: M. Braun/S. Hachenberg

# Zuchtformen*

Besonders von *Pogona vitticeps* gibt es im Freiland zahlreiche Farbformen und Zeichnungsvarianten, die als Anpassung an den unterschiedlichen Untergrund entstanden sind. So sind rot gefärbte Bartagamen auf rotem Sand optimal getarnt und je feiner die Körnung des Untergrundes, desto feiner ist auch die Zeichnung der Bartagamen. Anfang der neunziger Jahre kamen einige besonders attraktiv gezeichnete Bartagamen in die USA und werden seitdem nach bestimmten Zuchtvorstellungen weiter selektiert. Bei der großen Anzahl gezüchteter Tiere kommt es gelegentlich auch vor, dass durch Genmutationen Tiere mit außergewöhnlichen Farben oder Zeichnungen auftauchen, die weitergezüchtet werden. Diese Bartagamen erzielen durch eine starke Nachfrage hohe Preise auf dem Markt, bis dieser gesättigt ist. Danach fallen die Preise wieder erheblich. Wer sich Bartagamen mit einer besonderen Färbung oder Zeichnung anschaffen und mit diesen sogar weiter züchten möchte, sollte eini-

▲ Abb. 325. Prächtiges Männchen von *Pogona vitticeps* ( "Red/Orange Hypo Tiger Leatherback"). Foto: U. Dost

▲ Abb. 326. Auch von *Pogona henrylawsoni* werden mittlerweile immer rotere Tiere gezüchtet. Foto: U. Dost

◀ Abb. 327. Drei Monate altes Jungtier von *Pogona. vitticeps*: "Orange German Giant"-Variante. Je älter das Tier wird, desto intensiver der Farbton. Foto: L. Dodd

* Wenn nicht anders erwähnt, beziehen sich die Ausführungen zu den Zuchtformen auf *Pogona vitticeps*.

ge Punkte beachten. Zunächst muss man bedenken, dass die Erhaltung und Intensivierung bestimmter Zuchtformen überwiegend durch Inzucht erfolgt. Inzucht birgt jedoch immer das Risiko, dass sich genetische Schäden in die Zucht einschleichen, die sich negativ auf die Lebensqualität der Bartagamen auswirken können bzw. in manchen Fällen letal sind. Unbedingt empfiehlt es sich, Tiere aus verschiedenen, nicht verwandten Zuchtlinien zu verwenden, die die gewünschten Merkmale aufweisen. Einige Zuchtformen, durch intensive unüberlegte Zucht mittlerweile auch zahlreiche Normalformen, neigen dazu, kleiner zu bleiben. So weisen die Schlüpflinge mancher Zuchtlinien von *P. vitticeps* im Schnitt nur 2,5 g oder weniger auf, während andere Zuchtlinien über 3,5 g Schlupfgewicht haben! Aber auch die Farbmutationen selbst können den Tieren schaden. So setzen die Tiere ihre Körperfärbung zur Thermoregulation und zur innerartlichen Kommunikation ein (vgl. Kapitel "Verhalten"; S. 52f). Eine veränderte Pigmentierung könnte dieses natürliche Verhalten stören. Gerade sehr helle oder sogar albinotische Formen können mit der benötigten sehr hellen Lichteinstrahlung Probleme bekommen. Bartagamen mit extremen Mutationen haben oftmals eine erhöhte Krankheitsanfälligkeit oder verkürzte Lebenserwartung. Ein Beispiel hierfür ist die sogenannte Silkback-Zuchtform (s. Seite 179). Diesen Tieren fehlen die schützenden Schuppen und sie leiden meist unter chronischen Häutungsschwierigkeiten. Sie neigen auch zu Verletzungen ihrer dünnen Haut.

Bei den zahlreichen, teils spektakulären Bildern sollte man bedenken, dass die meisten dargestellten Bartagamen aus den Freilandanlagen der Züchter stammen. In den dunkleren Zimmerterrarien erreichen sie nur selten diese Farbbrillanz. Auch saisonal kann die Farbe

▼ Abb. 328. Paarung auf der "Sandfire Dragon Ranch". Foto: R. Mailloux

▲ Abb. 329. "Yellow"-Variante. Foto: G. Köhler

erheblich variieren, so zeigen bei einigen Farbformen beispielsweise die Männchen nur während einigen Wochen der Paarungszeit ihre spektakulären Farben. Es gibt mittlerweile eine Vielzahl an unterschiedlichen Zuchtformen und Kreuzungen zwischen diesen Formen. Aus Marketinggründen geben viele Züchter ihren Tieren spezielle Namen. Diese werden aber nur dann von anderen Farbzüchtern anerkannt, wenn die Zuchtform gefestigte Merkmale aufweist, die sich deutlich von anderen Linien unterscheiden. Hierzu sind meist viele Zuchtgenerationen notwendig.

## Genetik

Die genetische Information für eine Farbform ist in Teilen der DNS (Desoxyribonucleinsäure), der Erbinformation, gespeichert. Diese Teile der DNS nennt man Gene. Die DNS besteht aus zwei Strängen, die jeweils einen vollständigen Gensatz – einen vom Vater und einen von der Mutter – enthalten. Auf den beiden Gensträngen sind die Gene aber nicht identisch, sondern können für verschiedene Ausprägungen die Information kodieren; man bezeichnet dies als verschiedene Allele (Variationen) eines Gens. Es gibt verschiedene Vererbungsformen, die man als Züchter genau kennen sollte.

Bei den meisten Zuchtformen der Bartagamen werden die Merkmale **intermediär** vererbt. Hierbei vermischen sich die erblichen Anlagen der Zuchttiere. Wenn man also zwei besonders orangene Tiere miteinander verpaart, stehen die Chancen sehr gut, dass ein großer Teil der Jungtiere auch orange gefärbt sein wird. Manche der Nachzuchten sind jedoch weniger orange, manche können sogar wie der Wildtyp aussehen. Wenn man gelbe mit orangenen Tieren verpaart, kommt es zu einer Vermischung der Merkmale, die jedoch nicht vorhersehbar ist. In diesem Fall wird es eher gelbliche, eher orangene und ein paar gelb-orange Tiere geben.

Anders ist es bei **dominant-rezessiven** Erbgängen, da man hier statistisch recht genau das Nachzuchtergebnis voraussagen kann. Das herauszuzüchtende Farbmerkmal ist in der Regel rezessiv, weshalb es nur dann ausgeprägt wird, also im Phänotyp erscheint, wenn auf beiden Strängen die Gene für die Farbform vorhanden sind (man nennt dies homozygot). Das Tier trägt dann also die entsprechenden Gene in Reinform in sich (man bezeichnet die genetische Ausstattung als Genotyp). Bei der Vermehrung der Tiere erben die Jungtiere immer einen DNS-Strang des männlichen Tieres und einen DNS-Strang des weiblichen Tieres. Ein Beispiel: Wenn beide Zuchttiere das Merkmal „Translucent" auf beiden Strängen der DNS tragen, werden auch alle Jungtiere translucent sein (vgl. Diagramme S. 180). Wenn nur ein Elterntier translucent ist (also homozygot), das zweite aber ein Wildtyp ohne die genetischen Anlagen für Translucent, werden alle Jungtiere wie der Wildtyp aussehen. Auf einem der vererbten DNS-Stränge tragen sie aber dennoch die Gene für Translucent. Man spricht dann davon, dass sie heterozygot für Translucent – in Foren oft als „het

▲ Abb. 330. "Snow"-Variante. Foto: K. Dunne Dragon's Den Herpetoculture

▲ Abb. 331. Jungtier der "Translucent"-Variante. Foto: M. Decker/D. Oonincx

▲ Abb. 332. "Translucent"-Jungtier mit komplett dunklen Augen. Foto: G. Köhler

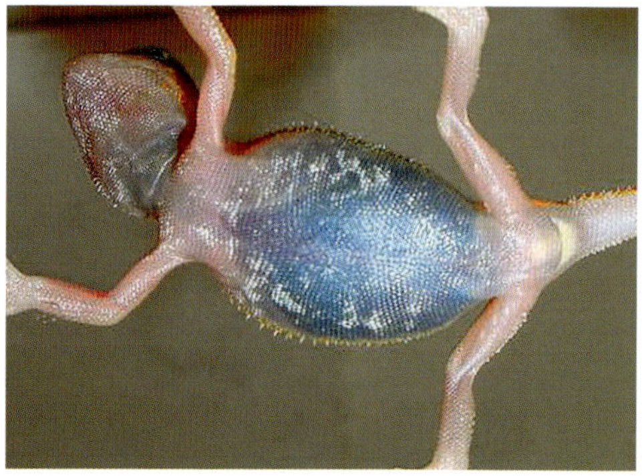

▲ Abb. 335. "Translucent"-Jungtier mit durchscheinender Bauchdecke. Foto: M. Konrad

▲ Abb. 333. Weibchen aus einer Translucent/Hypo-het-Translucent Verpaarung (dieses Nachzucht-Tier hat schwarze Augen, jedoch keine hellgefärbte Krallenbasis). Foto: N. Smyrek

▲ Abb. 334. Helle Krallenbasis bei hypomelanistischem Tier. Foto: M. Konrad

Translucent“ abgekürzt – sind (dies bezeichnet den Genotyp). Verpaart man ein Translucent-Tier mit einem, das heterozygot für Translucent ist (also wie der Wildtyp aussieht, genetisch jedoch die Information für Translucent trägt), wird im statistischen Mittel jedes zweite Jungtier Translucent sein, die übrigen sind dann wieder heterozygot für Translucent. Falls beide Tiere heterozygot für Translucent sind, ist die Information jeweils nur auf einem der beiden DNS-Stränge (auf denen die Erbinformation kodiert ist) vorhanden; diese werden bei der Befruchtung unvorhersehbar ausgetauscht. Somit werden statistisch von vier Jungtieren eines Translucent, zwei heterozygot für Translucent und eines genotypisch und phänotypisch Wildtyp sein. Bei den Schlüpflingen, die wie der Wildtyp aussehen, weiß man also nicht, ob sie heterozygot für Translucent sind oder nicht. Diese Tiere werden bei Züchtern „possible heterozygot für Translucent”, kurz „poss. het“ bezeichnet.

Ein wenig einfacher ist es bei den Merkmalen, die **co-dominant** vererbt werden, da man hier immer den Genotyp im Phänotyp sehen kann. Ein Beispiel ist die Leatherback-Zuchtform. Wenn die Tiere auf einem DNS-Strang die Information Leatherback tragen, haben sie immer kleinere Schuppen und weniger Stachelschuppen. An diesem Merkmal kann man diese Tiere gut erkennen. Verpaart man ein Leatherback mit einem Wildtyp, wird jedes zweite Tier ein Leatherback sein. Wenn man zwei Leatherback miteinander kreuzt, erhält man von vier Jungtieren im statistischen Mittel zwei Leatherback (letztere haben also die Leatherback-Information auf einem der beiden DNS-Stränge), eine Wildtyp-Bartagame (keine Leatherback-Information in der DNS) und ein Tier, bei dem auf beiden DNS-Strängen die Leatherback-Erbinformation gespeichert ist (= homozygot). Diese Tiere sehen ganz anders aus, da sie nur ganz kleine granuläre Schuppen und eine sehr weiche Haut haben. Sie werden daher als Silkback bezeichnet.

▲ Abb. 336. "Leatherback"-Variante: "Translucent-Leatherback". Foto: M. Braun/ S. Hachenberg

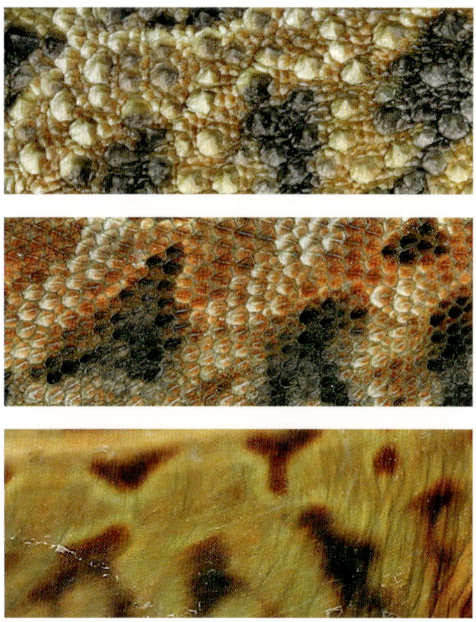

▲ Abb. 337. Rückenschuppen; oben: Wildtyp; Mitte: Leatherback; unten: Silkback. Fotos: G. Köhler/U. Dost

◀ Abb. 338. "Silkback"-Variante auf einer Börse. Foto: U. Dost

## Dominant-rezessiver Erbgang am Beispiel Translucent

| | | | | |
|---|---|---|---|---|
| aa<br>Translucent | x | aa<br>Translucent | = | 100% aa<br>Translucent |

| | | | | |
|---|---|---|---|---|
| aa<br>Translucent | x | AA<br>Wildtyp | = | 100% Aa<br>Wildtyp |

| | | | | | |
|---|---|---|---|---|---|
| aa<br>Translucent | x | Aa<br>Wildtyp | = | 50% aa<br>Translucent | 50% Aa<br>Wildtyp |

| | | | | | |
|---|---|---|---|---|---|
| Aa<br>Wildtyp | x | AA<br>Wildtyp | = | 50% Aa<br>Wildtyp | 50% AA<br>Wildtyp |

| | | | | | | |
|---|---|---|---|---|---|---|
| Aa<br>Wildtyp | x | Aa<br>Wildtyp | = | 25% aa<br>Translucent | 50% Aa<br>Wildtyp | 25% AA<br>Wildtyp |

Fotos: M.Decker/D. Oonincx; K. Grießhammer

Erklärungen:
AA bzw. aa = homozygot (reinerbig)
Aa = heterozygot (mischerbig)

Dominant: Großbuchstaben (z.B. A)
rezessiv: Kleinbuchstaben (z.B. a)
Der Wildtyp ist hier immer dominant.

## Co-dominanter Erbgang am Beispiel Leatherback

| | | | | |
|---|---|---|---|---|
| aa<br>Silkback | x | AA<br>Wildtyp | = | 100% Aa<br>Leatherback |

| | | | | | |
|---|---|---|---|---|---|
| Aa<br>Leatherback | x | AA<br>Wildtyp | = | 50% Aa<br>Leatherback | 50% AA<br>Wildtyp |

| | | | | | | |
|---|---|---|---|---|---|---|
| Aa<br>Leatherback | x | Aa<br>Leatherback | = | 25%aa<br>Silkback | 50% Aa<br>Leatherback | 25% AA<br>Wildtyp |

| | | | | |
|---|---|---|---|---|
| aa<br>Silkback | x | aa<br>Silkback | = | 100% aa<br>Silkback |

| | | | | | |
|---|---|---|---|---|---|
| aa<br>Silkback | x | Aa<br>Leatherback | = | aa 50%<br>Silkback | 50% Aa<br>Leatherback |

Fotos: S. Barnes (bloodbankdragons), K. Grießhammer, G. Köhler

Erklärungen: siehe Seite 180

## Übersicht: Zuchtformen

**Hyperxanthische und hypererythristische Variante**
Tiere mit intensiver Rotorangefärbung werden als hypererythristisch und solche mit hohem Gelbanteil als hyperxanthisch bezeichnet. Dabei kann die normale Rückenzeichnung weitgehend überlagert sein, so dass die Tiere praktisch zeichnungslos erscheinen. Inzwischen sind mehrere Linien der gelben oder roten Varianten etabliert. Die Farbform, die zuerst auf der "Sandfire Dragon Ranch" selektiv gezüchtet wurde, wird als "Sandfire" gehandelt. Weitere hyperxanthische Linien sind "Yellow" (Agamen mit hohem Gelbanteil), "Gold" (mit intensiver Gelborange-Färbung), "Blood Orange" und "Blood" (intensiv blutrot gefärbt). Nur bei Freilandhaltung mit hoher Sonneneinstrahlung entwickeln diese Agamen die volle Farbintensität. Bei hyperxanthischen Linien können geringe Fruchtbarkeit, schlechte Schlupfraten und hohe Ausfälle bei der Aufzucht auftreten (Vosjoli et al. 2001).

**Tigervariante**
Bartagamen mit markanten hellen Querbändern, die über den Rücken verlaufen, werden als "Tiger"-Variante bezeichnet.

**Gestreifte Variante**
Viele Jungtiere zeigen eine mehr oder weniger deutliche Längsstreifung des Rückens, die aber im Laufe des Wachstums meist verloren geht. Individuen, die auch als adulte Tiere noch ein Paar deutlicher heller Längsstreifen auf dem Rücken aufweisen, werden als "Längsgestreifte Variante" bzw. "Striped" bezeichnet.

**Hypomelanistische Varianten**
Bartagamen mit reduzierter dunkler Pigmentierung sind hypomelanistisch (wird rezessiv vererbt). Solange die Augen pigmentiert sind, handelt es sich auch bei sehr blass wirkenden Tieren nicht um amelanistische Tiere (diese haben rote oder rosafarbene Augen). Bei hypomelanistischen Bartagamen ist die Krallenbasis hell gefärbt, s. Abb. 334. Mehrere hypomelanistische Linien wurden etabliert: Die "Pastel"-Variante zeigt Rotorangeanteile auf gelborangener oder blass rosa Grundfarbe. Die "Salmon"-Variante zeigt einen hohen Gelbanteil auf hellgrauem Grund, während es sich bei der "Sunburst"-Variante um gelbliche Tiere mit Melaninmangel handelt. Die "Snow"-Variante ist überwiegend weiss mit oftmals markantem goldenen Augenring. Schlüpflinge der "Snow"-Variante sind durchscheinend rosa gefärbt und nehmen innerhalb weniger Tage eine durchscheinend beige Färbung an. Mit jeder Häutung werden die Tiere heller, bis sie mit etwa vier Monaten nahezu weiß sind mit kaum noch auszumachender Zeichnung.

**Translucent**
Translucent (Abkürzung: oft "Trans") ist eine Variante mit einem dominant-rezessiven Erbgang. Man kann sie sehr gut daran erkennen, dass die Bartagamen meist komplett dunkle Augen haben, also auch die Iris farblos ist. Namensgebend ist jedoch die scheinbar durchsichtige Haut, die den Bartagamen ein milchiges Aussehen verleiht. Dies kommt durch das Fehlen der weißen/hellen Pigmente zustande. Besonders eindrucksvoll ist der Effekt bei Jungtieren. Bei erwachsenen

Bartagamen kann es schwierig sein, die Zuchtform anhand der Haut zu identifizieren; die noch immer schwarzen Augen sind hier aber der sichere Hinweis.

**Leatherback**
Leatherback-Bartagamen (co-dominanter Erbgang) haben veränderte Schuppen und sehen weniger stachelig als der Wildtyp aus. Da sie sich weicher anfühlen, hat man ihnen den Namen Leatherback ("Lederrücken") gegeben.

**Silkback**
Verpaart man zwei Leatherbacks, wird statistisch jedes vierte Jungtier ein Silkback. Diese Tiere haben ganz kleine granuläre Schuppen und die Haut fühlt sich sehr weich an. Die Funktion der Epidermis ist derart verändert, dass die Tiere Häutungsprobleme bekommen können und eine größere Verletzungsneigung haben. Silkbacks benötigen deshalb eine besondere Pflege, in der die Verletzungsrisiken für das Tier minimiert werden. Während der Häutung müssen viele Tiere regelmäßig mit einer sanften Lotion eingecremt werden. Jeder Züchter und Halter sollte sich daher im Klaren darüber sein, ob er mit dieser Zuchtform arbeiten möchte.

**Witblits**
Witblits sind eine komplett zeichnungslose, dominant-rezessive Zuchtform. Sie können mit anderen Zuchtformen verpaart werden, somit sind auch farbige Witblits möglich.

**Dunner**
Dunner sind eine dominante Zuchtform, die besonders das Schuppenkleid beeinflusst. Die Tiere wirken "struppiger", da viele Schuppen anders geformt sind, eine ausgeprägtere Oberflächenstruktur und teilweise eine andere Wachstumsrichtung haben. Bei einigen Tieren sind die Zehen deutlich länger.

**Leuzistisch**
Leuzismus ist eine Mutation, bei der Tiere keine farbbildenden Zellen haben und weiß erscheinen. Bei Bartagamen ist diese Mutation noch nicht aufgetreten. Es gibt eine Zuchtlinie, die ursprünglich als leuzistisch beschrieben wurde, es handelte sich jedoch um eine hypomelanistische Form.

**Orangene *Pogona henrylawsoni***
*P. henrylawsoni* sind normalerweise matt braun gefärbt. Seit einiger Zeit werden aber auch Tiere mit orange-rötlichen Färbungselementen gezüchtet.

Bartagamen ohne den Einfluss von Farbzuchten werden als **Wildtyp** bezeichnet. Man liest hierfür jedoch immer wieder die Bezeichnung „Nominat". Nominat bezeichnet eigentlich die Unterart einer Art, dessen Unterartname gleich dem Artnamen ist, also z.B. *Pogona minor minor*. Für Zuchtformen sollte „Nominat" nicht verwendet werden.

Für den Einstieg in die Genetik findet man auch im Internet viele Hilfen, beispielsweise auch „Genetikrechner" (z.B. www.geneticswizard.com), welche die statistische Verteilung der Nachzuchttiere ausrechnen, auch für komplizierte Kombinationen unterschiedlicher Farbformen.

▲ Abb. 339. "Translucent-Striped"-Variante. Foto: M. Konrad Drago Infernale

▲ Abb. 340. Jungtier einer "Translucent"-Variante. Foto: G. Köhler/aqua-Terrashop

▲ Abb. 341. "Silkback"-Variante (Jungtier vorne). Foto: S. Barnes bloodbankdragons

▲ Abb. 342. Jungtier "Hypo Red"-Variante. Foto: M. Konrad Drago Infernale

▲ Abb. 343. Jungtier einer "Dunner"-Variante. Foto: M. Metz/M. Lubowietzki dragon-heart

▲ Abb. 344. "Polar-Hypo". Foto: C. Stancel dvmexotics

▲ Abb. 345. "Dunner"-Variante.
Foto: M. Metz/M. Lubowietzki dragon-heart

▲ Abb. 346. Rot/gelber "Leatherback".
Foto: T. Clarke BaltimoreBeardies

▲ Abb. 347. "Hypomelanistische Variante".
Foto: M. Konrad Drago Infernale

▲ Abb. 348. "Hypo-Leatherback".
Foto: M. Braun/S. Hachenberg ghost-dragons

▲ Abb. 349. "Witblits"-Variante.
Foto: M. Metz/M. Lubowietzki dragon-heart

▲ Abb. 350. "Witblits"-Variante mit schwarzen Augen. Foto: J. O'Dell witblitsdragons

▲ Abb. 351. "Blood"-Variante. Foto: K. Dunne Dragon's Den Herpetoculture

▲ Abb. 352. "Piebald". Foto: S. Barnes Bloodbankdragons

▲ Abb. 353. "Blood Orange"-Variante (Weibchen). Foto: K. Dunne, Dragon's Den Herpetoculture

▲ Abb. 354. "Blood"-Variante (subadult). Foto: K. Dunne Dragon's Den Herpetoculture

▲ Abb. 355. Jungtier der "Orange Giant"-Variante. Foto: L. Dodd

▲ Abb. 356. "Sandfire"-Varianten. Foto: R. Mailloux

▲ Abb. 357. "Salmon"-Variante.
Foto: K. Dunne Dragon's Den Herpetoculture

▲ Abb. 358. "Snow"-Variante.
Foto: K. Dunne Dragon's Den Herpetoculture

▲ Abb. 359. "Citrus-Hypo-Trans"-Variante.
Foto: M. Metz/M. Lubowietzki dragon-heart

▲ Abb. 360. Jungtiere der "Salmon"-Variante.
Foto: K.Dunne Dragon's Den Herpetoculture

▲ Abb. 361. Jungtiere der "Snow"-Variante.
Foto: K. Dunne Dragon's Den Herpetoculture

▲ Abb. 362. "Red-Hypo-Trans"-Variante.
Foto: M. Metz/M. Lubowietzki dragon-heart

# Artenteil

Abb. 363. *Pogona mitchelli.*
Foto: G. Köhler

## Bestimmungsschlüssel für die Arten und Unterarten der Bartagamen

Dieser Bestimmungsschlüssel ist dichotom aufgebaut, d.h. jeweils Paare kontrastierender Alternativen werden angeboten. Der Schlüssel funktioniert durch eine Schritt-für-Schritt-Elimination von Alternativen, bis schließlich nur noch eine übrig bleibt - die Lösung/Artbestimmung. Die Zahl am Ende einer Alternative zeigt an, wo man im Schlüssel weiter geht.

1a Zentrum der Kehle mit vergrößerten Stachelschuppen (e,f) .......... 2

b Zentrum der Kehle ohne vergrößerte Stachelschuppen (g,h,j) .......... 4

2a Rücken und Schwanz mit auffälligen weißen Querbändern; 91–125 Schuppen um Körpermitte .......... *Pogona nullarbor*

b Rücken und Schwanz ohne auffällige weiße Querbänder; 101–175 Schuppen um Körpermitte .......... 3

3a Körperseite mit einer (selten zwei) regelmäßigen Längsreihe(n) von Stachelschuppen; Occipitalquerreihen bilden eine fast gerade Linie (b) .......... *Pogona vitticeps*

b Körperseite mit 3–8 Reihen von Stachelschuppen, deren Spitzen in verschiedene Richtungen weisen bzw. mit einem Längsband von unregelmäßigen Stachelschuppen; Occipitalquerreihen bilden einen deutlichen Winkel (a) .......... *Pogona barbata*

4a Körperseite mit 3–8 Reihen von Stachelschuppen, deren Spitzen in verschiedene Richtungen weisen bzw. mit einem Längsband von unregelmäßigen Stachelschuppen.......... *Pogona microlepidota*

b Körperseite mit einer (selten zwei) regelmäßigen Längsreihe(n) von Stachelschuppen .. 5

5a Verhältnis Schwanzlänge / KRL <1,15; Kopfform (dorsale Ansicht) rundlich; 6–12 Präanofemoralporen; 4. Zehe mit 14–18 Subdigitallamellen .......... *Pogona henrylawsoni*

b Verhältnis Schwanzlänge / KRL >1,15; Kopfform (dorsale Ansicht) nahezu dreieckig; 10–18 Präanofemoralporen; 4. Zehe 16–28 Subdigitallamellen .......... 6

6a Kopf länger als breit; Rückenfärbung meist überwiegend grau; Stacheln der Occipital-Querreihe in der Regel klein und keine kontinuierliche Reihe bildend (d) .......... 7

b Kopf etwa so breit wie lang; Rückenfärbung meist überwiegend gelblichbraun oder rötlichbraun; Stacheln der Occipital-Querreihe in der Regel deutlich vergrößert und je eine kontinuierliche Reihe bildend (i); Occipital-Querreihe trifft in einem Winkel von weniger als 90° auf die supraauricularen Längsstachelreihen .......... *Pogona mitchelli*

7a Hinterbeinlänge beträgt 60–77% der KRL; endemisch auf den Houtman Abrolhos Inseln .......... *Pogona minor minima*

b Hinterbeinlänge beträgt 47–72% der KRL; weit verbreitet im westlichen und westlich-zentralen Australien .......... *Pogona minor minor*

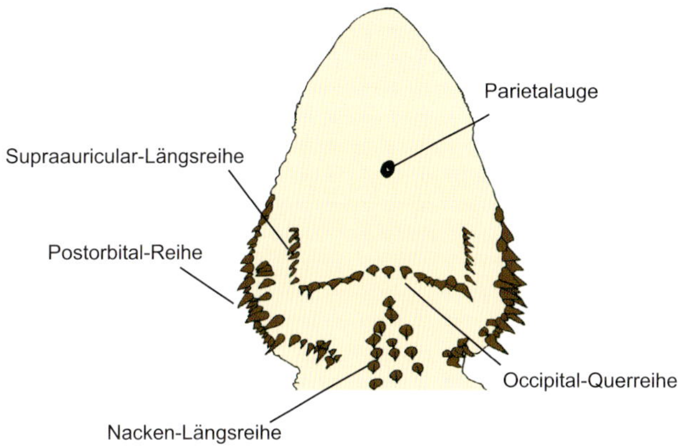


▲ Abb. 364. Die vergrößerten Stachelschuppen der Kopfoberseite.

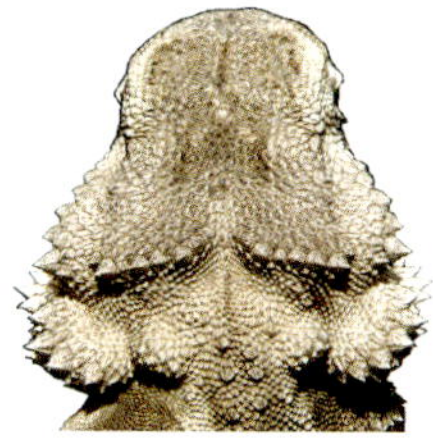

i. *P. mitchelli*

j. *P. mitchelli*

a. *P. barbata*

b. *P. vitticeps*

c. *P. henrylawsoni*

d. *P. minor*

e. *P. barbata*

f. *P. vitticeps*

g. *P. henrylawsoni*

h. *P. minor*

▲ Abb. 365. Kopfansichten bei verschiedenen *Pogona*-Arten. Fotos: G. Köhler

| Merkmal | *barbata* | *henrylawsoni* | *microlepidota* | *minor minor* | *minor minima* | *mitchelli* | *nullarbor* | *vitticeps* |
|---|---|---|---|---|---|---|---|---|
| Pränasalia | 4-6 | 3-5 | 4-6 | 3-7 | 4-5 | 3-6 | 3-6 | 3-7 |
| Subnasalia | 3-5 | 3-5 | 3-5 | 2-5 | 3-4 | 3-6 | 3-5 | 3-6 |
| Internasalia | 9-13 | 9-12 | 11-13 | 7-13 | 7-13 | 9-13 | 9-13 | 8-13 |
| Rostrale-Parietale | 12-18 | 14-21 | 18-21 | 12-18 | 11-15 | 11-20 | 13-18 | 11-20 |
| Subocularia | 4-5 | 4-5 | 4-5 | 3-5 | 3-4 | 3-6 | 3-5 | 4-5 |
| Supralabialia | 14-19 | 13-16 | 15-18 | 13-19 | 12-16 | 14-19 | 13-18 | 15-20 |
| Sublabialia | 14-18 | 12-16 | 12-16 | 11-17 | 12-15 | 13-17 | 12-16 | 13-19 |
| Schuppen KM | 101-175 | 97-119 | 116-139 | 99-127 | 82-120 | 90-122 | 91-125 | 119-164 |
| Subdigitallamellen | 18-26 | 14-18 | 22-23 | 16-28 | 22-28 | 19-27 | 17-23 | 18-26 |

Tabelle: Anzahl ausgewählter Schuppen (Variationsbreite) bei den Arten und Unterarten der Gattung *Pogona* (Daten nach Witten 1994). Schuppen KM = Schuppen um Körpermitte; Rostrale-Parietale = Anzahl Schuppen zwischen Rostrale und Parietale (vgl. Abb. 367).

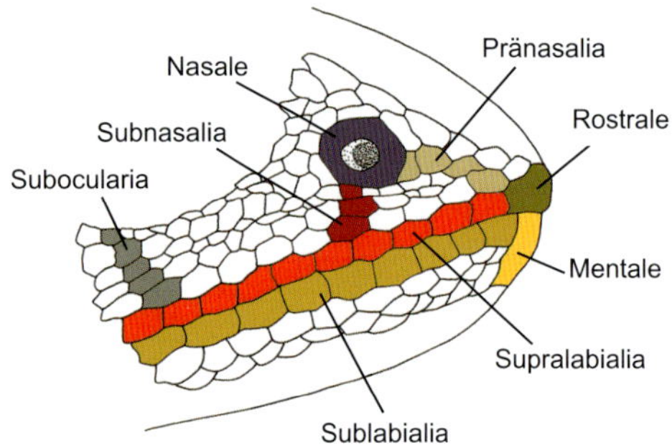


▲ Abb. 366. Beschuppung des seitlichen Kopfes einer Bartagame.

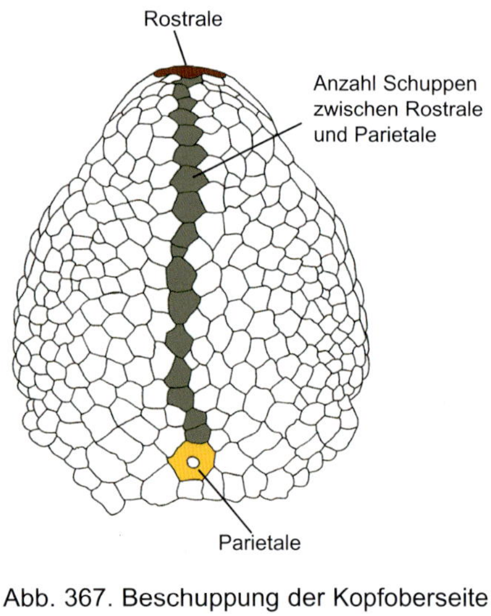


▲ Abb. 367. Beschuppung der Kopfoberseite einer Bartagame.

# Die Arten der Bartagamen

## *Pogona barbata* (CUVIER 1829)

### Östliche Bartagame

1807 *Stellio discosomus* PERON, Voyage de Découvertes Aux Terres Australes, ... Vol. 1: 404; Terra typical: Parramatta, west of Sydney, Australien (Nomen oblitum fide SHEA 2000).

1829 *Agama barbata* CUVIER, Le Regne Animal 35; Terra typica: "Nouvelle-Hollande".

**Beschreibung:** *Pogona barbata* ist eine großwüchsige Bartagame und erreicht eine Kopf-Rumpflänge (KRL) bis 250 mm und eine Gesamtlänge (GL) bis 580 mm, in Ausnahmefällen sogar bis zu 750 mm. Die relative Schwanzlänge (SL/KRL) beträgt bei adulten Exemplaren 1,26–1,40 (bei Jungtieren 1,38–1,52) (BADHAM 1976). Die Weibchen werden ab einer KRL von etwa 130 mm geschlechtsreif (BADHAM 1976). Der "Bart" ist bei dieser Art mit großen Stachelschuppen sehr gut entwickelt. In Ruhestellung ist der "Bart" nach hinten

▲ Abb. 368. *Pogona barbata* im natürlichen Lebensraum in der Nähe von Brisbane (Australien). Foto: K. Grießhammer

▲ Abb. 369. *Pogona barbata* in Brisbane (Queensland). Foto: B. Eidenmüller

zusammengefaltet und reicht bis zum Ansatz der Vorderbeine. Wird die Kehle nur leicht aufgestellt, so erscheint diese in der Kehlmitte wie eingekerbt, denn im Vergleich zu *P. vitticeps* fehlen beim Zungenbeinapparat zwei mittlere Knorpelstrahlen (die zweiten Ceratobranchialspangen).

Der Kopf ist relativ schmal und lang gezogen. Der Canthus rostralis ist deutlich entwickelt. Ein Autor (N.S.) besaß aber eine etwa 70 cm lange *P. barbata*, bei der der Kopf wie bei *P. vitticeps* genauso breit wie lang war. Das Trommelfell ist fast dreieckig und liegt nur leicht vertieft. Die Gliedmaßen sind relativ kurz; der Körper ist schlank, ist dorsoventral abgeflacht und oft etwas faltig. Daher wirken die Tiere manchmal etwas ausgemergelt. Die Stachelschuppen des Kopfes sind relativ dünn, aber lang. Deshalb fühlen sie sich recht weich an. Die Occipital-Querreihe verläuft in einem Bogen (Ausbuchtung Richtung Schnauzenspitze) und berührt nur im Ausnahmefall die supraauricularen Längsreihen, ist aber kontinuierlich mit den Nackenlängsreihen. Gruppen von Stachelschuppen befinden sich oberhalb des Trommelfells sowie am Hinterhaupt und am Mundwinkel. Kehlregion mit vergrößerten Stachelschuppen. Die Rückenschuppen sind heterogen (vergrößerte gekielte Schuppen sind in die feinere Grundbeschuppung eingestreut). An den Seiten verlaufen 3–8 Stachelschuppenreihen. Die Bauchschuppen sind gekielt. Es sind 11–19 Präanofemoralporen vorhanden. Zu weiteren Beschuppungsmerkmalen siehe Tabelle S. 192. Der Schwanz ist im Querschnitt rund mit Wirteln aus leicht vergrößerten Schuppen (Abstand zwischen den Wirteln etwa drei Schuppenreihen). Vom Trommelfell bis zu den

Augen verläuft ein dunkler, oben hell begrenzter Streifen (Augenzügel). Die Körperoberseite wird von einem düsteren Grau, Graubraun dominiert und weist eine hellgraue Rautenzeichnung auf. Die Bauchseite ist hellgrau, oft mit einem Ozellenmuster. Bei hohen Temperaturen können sich der Kopf und die Flanken gelb oder gelborange färben. Die Kehle kann bei Erregung dunkel, beim Männchen sogar tiefschwarz werden. Bei hohen Temperaturen kann der Schwanz eine Ringelzeichnung mit Gelb und schwärzlich Blau annehmen. Die prächtigsten Farben haben *P. barbata* von der Eyre-Halbinsel. Im südöstlichen Hochland Australiens sind melanistische Exemplare nicht selten (JENKINS & BARTELL 1980). Bei männlichen Tieren kann man die deutlich ausgeprägten Hemipenistaschen meist gut erkennen.

▲ Abb. 370. Portrait einer männlichen *P. barbata*. Foto: K. Grießhammer

**Verbreitung, Lebensraum und Lebensweise:** *Pogona barbata* ist im östlichen Australien (bis ca. 150 km ins Landesinnere) von Cooktown im Norden bis Südaustralien (außer Cape York Halbinsel und Tasmanien) verbreitet (WOTHERSPOON & BURGIN 2011). Die südliche Verbreitungsgrenze liegt etwa bei Bega, das westlichste Vorkommen ist in der Region von Adelaide und der nördlichste Fundort ist Cooktown. Isolierte Populationen kommen in den südlichen Mt. Lofty-Bergen und auf der Eyre-Halbinsel vor. Letztere sind die farbigsten Vertreter ihrer Art, weshalb sie manchmal als Nullarbor-Bartagame fehlbestimmt werden. *Pogona barbata* lebt in Savannen, Buschland, Baumsteppen und Trockenwald. Der Lebensraum von *P. barbata* ist charakterisiert durch eine jährliche Niederschlagsmenge von mindestens 380 mm (WOTHERSPOON & BURGIN 2011). Charakterpflanzen im Trockenwald sind Akazien, Südbuchen und Eukalyptus. Auf der östlichen Seite der Great Dividing Ranches, einem Mittelgebirge, ist es relativ feucht, da die Winde vom Pazifik auch Regenwolken zur Küste treiben. Westlich von diesem Gebirge ist es deutlich trockener. Im südlichen Teil des Verbreitungsgebietes ist es während des australischen Winters (Mai bis September) recht kalt und regnerisch; zum

Teil fällt auch Schnee. Dann überwintern die Agamen in selbstgegrabenen Erdhöhlen, die die Tiere von innen verschließen (RANKIN 1977). Im Sommer hingegen ist es dort trocken und heiß mit kühlen Nächten.

Dank ihrer großen Anpassungsfähigkeit sind sie vielerorts zu Kulturfolgern geworden. Nicht selten sitzen Bartagamen auf Zäunen oder Telegrafenmasten. So bezeichnet DALE (1973) die Bartagame in den Vororten von Brisbane als häufig. Die Agamen können dort in den Vorgärten beim Fressen von Blüten beobachtet werden. Ihre Nahrung besteht aus Insekten, Gliedertieren und Pflanzen, sehr gern gelben Blüten und Kleinsäugern. In Südaustralien halten Bartagamen eine Winterruhe, da es dort sehr kalt werden kann. Als Fressfeinde kommen Vögel (u.a. Greifvögel) in Frage. An Reptilien haben vor allem Großwarane und Riesenschlangen (insbesondere der Schwarzkopfpython) als Fressfeinde Bedeutung. Gerade in Ostaustralien wird der Autoverkehr vielen Tieren zum Verhängnis. In Südaustralien werden Bartagamen auch Opfer von Insektiziden.

Die Paarung findet etwa zum Zeitpunkt der Ovulation statt (AMEY & WHITTIER 2000b). In der Umgebung von Laidley, Queensland, beginnen die Weibchen von *Pogona barbata* im August, Follikel anzubilden und produzieren bis Dezember zwei bis drei Gelege mit jeweils 14–26 Eiern (AMEY & WHITTIER 2000a). In New South Wales setzen die Weibchen von *P. barbata* im Zeitraum September bis Dezember bis zu drei Gelege mit jeweils 8–35 Eiern in selbstgegrabenen Höhlen ab (SWAN 1990). Wenn das

▲ Abb. 371. Drohendes Männchen von *Pogona barbata* im Terrarium. Foto: U. Schuster

Weibchen ein Gelege absetzt, hat die Entwicklung des nächsten Geleges in Form von Follikelanbildung bereits begonnen (AMEY & WHITTIER 2000a). Die Weibchen sind während einer Fortpflanzungsperiode zu Spermienspeicherung fähig (AMEY & WHITTIER 2000a). Im natürlichen Lebensraum dauert die Inkubation der Eier je nach Lokalität (abhängig von Breitengrad und Höhenlage) zwei bis drei Monate (JENKINS & BARTELL 1980, EHMANN 1992)

**Pflege und Zucht:** Nach bisherigen Erfahrungen ist die langfristige Pflege und Zucht von *P. barbata* schwieriger als beispielsweise von *P. vitticeps* (N. SCHUSTER unveröff. Beob.). Wesentliche Ursachen hierfür sind zum einen die innerartliche Unverträglichkeit bei *P. barbata* sowie ihre Anfälligkeit für Schnauzenverletzungen und Kieferabszesse. Trotz einzelner Fälle, bei denen eine Gruppenhaltung von *P. barbata* zu beachtlichen Zuchterfolgen führte, empfehlen wir, diese Art einzeln zu halten und nur zur Paarungszeit zusammenzusetzen. Die Männchen sind oftmals sehr aggressiv. Ein Weibchen wurde vom Männchen so heftig gebissen, dass es in Folge seiner Kopfverletzungen starb (R. WICKER pers. Mitt.). Nach der Winterruhe (Dezember bis Februar oder März) setzt die Paarungsbereitschaft ein. Während der Fortpflanzungsperiode produziert das Weibchen mehrere Gelege mit meist 15 bis 25 Eiern, maximal bis 35 Eiern pro Gelege (GREER 1989). Die Eier haben eine Länge von ca. 2,5–3,0 cm und eine Masse von 2–3 g. Durch Aufnahme von Wasser nehmen die Eier an Größe und Masse zu (KÖHLER 1997). Je nach Temperatur (25–29°C) schlüpfen die Jungtiere nach 63–95 Tagen (BUSTARD 1966, SCHAFER 1979). Sie haben beim Schlupf eine Gesamtlänge von 75–100 mm bei einer KRL von etwa 40 mm und einer Masse von 2,8–3,0 g (SWAN 1990, N. SCHUSTER unveröff.). Die kleinen Bartagamen haben eine schiefergraue, fast schwarze Farbe und ovale hellgraue Flecken beidseitig der Wirbelsäule. Charakteristisch sind drei graue Punkte auf der Schnauzenspitze, die aber auch ineinander laufen können.

▲ Abb. 372. "Weißling" von *P. barbata* im Terrarium. Foto: A. Norris

▲ Abb. 373. Nachzuchttiere von *P. barbata.* Foto: G. Köhler

▲ Abb. 374. Nachzuchttier eines Weißlings von *P. barbata.* Foto: A. Norris

Die ersten zwei bis vier Wochen können die Jungtiere in größeren Gruppen gehalten werden. Dabei müssen die Jungtiere genau beobachtet werden, um gestresste oder zu dominante Tiere von der Gruppe zu isolieren. Ansonsten sollten die Jungtiere am besten einzeln aufgezogen werden

## *Pogona henrylawsoni*
(Wells & Wellington 1985)

### Lawsons Bartagame

1985 *Pogona henrylawsoni,* Wells & Wellington, Australian J. Herpetol., Suppl. Series No. 1: 19; Terra typica: "118 km west of Richmond, Queensland", Australien.

1994 *Pogana brevis* Witten, Mem. Queensland Mus. 37 (1): 331; Terra typica: "Croydon, Queensland", Australien.

**Systematik:** Die als letzte beschriebene Bartagamenart, *Pogona henrylawsoni*, sorgte für einige Verwirrung und kontroverse Diskussion. Anfang der 1980er Jahre kam eine trächtige Bartagame nach Deutschland, die wissenschaftlich noch nicht beschrieben war. Die Art wurde informell zunächst als *Amphibolurus "rankini"* bekannt, ohne je wissenschaftlich unter diesem Namen beschrieben worden zu sein. Erst 1985 folgte durch Wells & Wellington die formale, wenn auch nicht gerade fundierte Beschreibung dieser kleinen Bartagame; sie benannten die Art nach dem australischen Dichter und Philosophen Henry Lawson *Pogona henrylawsoni*. Kurz darauf stellte der Präsident der Australian Society of Herpetologists einen Antrag an die International Commission of Zoological Nomenclature mit dem Ziel, die Arbeit von Wells & Wellington (1985) in ihrer Gesamtheit als nomenklatorisch un-

gültig erklären zu lassen (PRESIDENT, AUSTRALIAN SOCIETY OF HERPETOLOGISTS 1987). In der wissenschaftlichen Gemeinschaft gab es daraufhin eine jahrelange und sehr kontroverse Diskussion über den Vorschlag. Da es nicht Aufgabe der Nomenklaturkommission ist, sich bei taxonomischen Fragen einzumischen, wurde der Antrag nicht angenommen. Somit hat die Beschreibung von *Pogona henrylawsoni* WELLS & WELLINGTON 1985 volle Gültigkeit. Die später von WITTEN (1994) beschriebene *P. brevis* ist ein Synonym von *P. henrylawsoni* (vgl. auch Anmerkungen bei SHEA 1995).

**Beschreibung:** *Pogona henrylawsoni* ist eine mittelgroße, kurzschwänzige Bartagame, die eine KRL von 148 mm

▲ Abb. 375. *Pogona henrylawsoni ist nach P. vitticels* die am häufigsten gepflegte Bartagame im Terrarium. Foto: G. Köhler

▼ Abb. 376. Portrait einer *P. henrylawsoni*. Foto: P. Horner

▲ Abb. 377. *Pogona henrylawsoni* (Winton, Queensland). Foto: P. Horner

▲ Abb. 378. *Pogona henrylawsoni* erreicht eine Gesamtlänge von ca. 30 cm. Foto: U. Dost

bei einer SL 170 mm und einer GL etwas über 300 mm erreicht. Bei dieser Art werden die Weibchen meist größer als die männlichen Tiere. Der Kopf hat eine rundliche Form (Canthus rostralis schwach entwickelt). Der "Bart" ist nicht ausgeprägt. Am Kopf befinden sich mittelgroße Stacheln. Die Occipital-Querreihe ist leicht V-förmig, aber geschwungen. Die einzelnen Stacheln berühren sich nicht. Die Querstachelreihe trifft nicht auf die Längsstachelreihen. Diese schwingen nach unten, teilen sich, laufen um die kleinen ovalen Ohröffnungen herum, während die andere Stachelreihe Richtung Nacken läuft. Gruppen von Stachelschuppen befinden sich oberhalb des Trommelfells sowie am Hinterhaupt und am Mundwinkel. Kehlregion ohne quer verlaufende Reihen vergrößerter Stachelschuppen. Die Rückenschuppen sind heterogen (vergrößerte gekielte Schuppen sind in die feinere Grundbeschuppung eingestreut). An den Seiten verläuft eine regelmäßige Stachelschuppenreihe. Die Bauchschuppen sind glatt oder schwach gekielt. Es sind 6–12 Präanofemoralporen vorhanden. Zu weiteren Beschuppungsmerkmalen siehe auch Tabelle S. 192. Um die Ohröffnung verläuft oft ein rotoranger Fleck und vom Ohr zum Auge ein dunkler, hell begrenzter Streifen. Die hellgraue Kehle ist unregelmäßig braun längsgestreift. Der gedrungene Körper ist orange-braun. Auf dem Rücken befinden sich zu beiden Seiten der Wirbelsäule je vier ovale graue Flecken. Ein fünftes Paar befindet sich auf Beckenhöhe. Die Rückenflecken können längsseitig ineinander laufen. Manche Individuen sind nahezu zeichnungslos. Der Schwanz ist unregelmäßig dunkelbraun und grau gebändert. Die Körperunterseite und die ersten zwei Drittel der Schwanzunterseite sind beige-

▲ Abb. 379. Fundort von *Pogona henrylawsoni* (Nähe von Winton, Queensland). Foto: B. Eidenmüller

braun. Das letzte Drittel der Schwanzunterseite ist hellbraun. Oft zeigen sich auf dem Bauch dunkel umrandete helle Flecken (Ozellen).

**Verbreitung, Lebensraum und Lebensweise:** *Pogona henrylawsoni* lebt auf schweren, grau-braunen Böden, sogenannten Schwarzerdeböden (Böden der semihumiden Zone) im zentralen und westlichen Queensland (von Almora im Norden bis Longreach im Süden und von Urandangi im Westen bis zum Lake Buchanan im Osten). Die nahezu baumlosen Flächen sind durchsetzt mit Büschelgras und niedrigen Büschen. In diesem steppenartigen Lebensraum konzentrieren sich die Niederschläge (400–800 mm jährlich) auf die Sommermonate. Während längerer Trockenperioden kommt es im Boden zu Trockenrissen und Spaltenbildung. Da die Schwarzerdeböden landwirtschaftlich genutzt werden und gutes Weide- bzw. Ackerland sind, sind bereits große Flächen des natürlichen Lebensraumes von *P. henrylawsoni* vom Menschen zu Agrarflächen umgewandelt worden. Die Individuendichte von *Pogona henrylawsoni* im natürlichen Lebensraum scheint recht gering zu sein (EHMANN 1992). Bei Bedrohung ziehen sich die Echsen in Erdspalten oder Löcher zurück. Als Beutegreifer kommen viele Vögel, Raub-

▲ Abb. 380. Trächtige *Pogona henrylawsoni* (Winton). Foto: B. Eidenmüller

▲ Abb. 381. Sollte es zu Beschädigungskämpfen kommen, müssen die Tiere ggf. getrennt werden. Foto: B. Lang

säuger (Beutler), Schlangen und Echsen in Betracht, unter anderem auch der größere "Vetter" *Pogona vitticeps*! SHEA (1995) berichtet von einer Giftnatter (*Pseudechis colletti*), die eine *P. henrylawsoni* auswürgte. Trächtig gefangene Weibchen (KRL 120 mm bzw. 117 mm) von *Pogona henrylawsoni* enthielten fünf bzw. neun Eier (SHEA 1995).

**Pflege und Zucht:** *Pogona henrylawsoni* ist nach *P. vitticeps* die am häufigsten gepflegte Bartagame. In einem Terrarium kann man ein Pärchen oder ein Männchen mit zwei Weibchen zusammen pflegen. Für ein Pärchen *P. henrylawsoni* sollte das Terrarium mindestens 120x80x80 cm (LBH) groß sein. Die Männchen sind sehr unverträglich und bei Vergesellschaftung von zwei Männchen kommt es nach kurzer Zeit zum Beschädigungskampf, da das unterlegene Tier nicht flüchten kann. Selbst ein Blickkontakt mit einem Männchen in einem anderen Terrarium kann ausreichen, um Stress zu verursachen, der im Extremfall zum Tod der unterdrückten Agame führen kann (R. WICKER unveröff. Beob.). Günstig ist es, das Terrarium L-förmig zu konstruieren, so dass sich die Tiere aus der Sichtweite der vergesellschafteten Artgenossen begeben können. Dem Pfleger gegenüber werden

◄ Abb. 382. Paarung von *Pogona henrylawsoni* im Terrarium. Foto: B. Lang

▲ Abb. 383. Weibchen von *P. henrylawsoni* nach der Eiablage. Foto: B. Lang

◀ Abb. 384. Nach der Eiablage wird das Gelege mit Hilfe des Kopfes zugegraben. Foto: B. Lang

Lawsons Bartagamen meist sehr zutraulich und nehmen angebotenes Futter aus der Hand. Kieferabszesse kommen relativ selten vor. Die Weibchen von *P. henrylawsoni* produzieren Gelege mit 8–15, selten über 20 Eiern. Ein Autor (N.S.) verlor ein Weibchen während der Trächtigkeit; es hatte etwa 24 Eier im Abdomen. Während einer Saison werden zwei bis vier (ausnahmsweise auch bis fünf) Eiablagen pro Weibchen registriert (N. SCHUSTER eigene Erfahrungen; R. WICKER pers. Mitt.). Die frisch abgesetzten Eier sind längsoval und etwa 20x10 mm groß. Im Verlauf der Inkubation nehmen sie an Größe zu und werden deutlich runder. Bei einer Inkubationstemperatur von 28–30 °C schlüpfen die Jungtiere nach 50–70

▲ Abb. 385. Jungtiere von *Pogona henrylawsoni* beim Baden. Foto: U. Dost

▲ Abb. 386. *Pogona henrylawsoni* werden recht zutraulich und nehmen auch Futter aus der Hand an. Foto: K. Grießhammer

◄ Abb. 387. *Pogona henrylawsoni* im Terrarium. Foto: G. Köhler

▲ Abb. 388. *Pogona henrylawsoni* im Freilandterrarium. Foto: G. Köhler

Tagen. Beim Schlupf messen die Jungen 55–80 mm KRL. Am zweiten bis dritten Lebenstag beginnen die Jungtiere meist mit der Nahrungsaufnahme. Verhältnismäßig häufig treten Schlüpflinge mit verkrüppelten Schwänzen auf, was wahrscheinlich als genetischer Defekt zu deuten ist (Inzuchteffekt?). Die Tiere haben beim Schlupf einen sogenannten Rollschwanz (vgl. S. 242). Wenn man diesen geradezieht und wieder loslässt, schnellt er wieder in eine Spiralform zurück. Auch Wirbelsäulenverkrümmungen (Skoliosen und Kyphosen) treten bei den Nachzuchttieren von *P. henrylawsoni* immer wieder auf (diese Tiere zeigen dann einen oder zwei "Buckel" auf dem Rücken). Diese Tiere müssen vom Tierarzt eingeschläfert werden, denn der Schaden ist irreparabel.

Unter Terrarienbedingungen kann es zur Bastardierung von *P. vitticeps* und *P. henrylawsoni* kommen, weshalb eine strikte Trennung der Arten notwendig ist. Hybridformen sind bei der Zucht von Echsen generell abzulehnen!

▲ Abb. 389. *Pogona henrylawsoni* im Terrarium. Foto: K. Grießhammer

## *Pogona microlepidota*
( GLAUERT 1952)

### Kimberley-Bartagame

1952 *Amphibolurus barbatus microlepidotus* GLAUERT, West. Austr. Nat. 3: 168; Terra typica: "Drysdale River Mission, North Kimberley", Western Australia, Australien.

**Beschreibung:** *Pogona microlepidota* ist eine mittelgroße, verhältnismäßig langbeinige Bartagame mit einem dorsoventral abgeflachten Körper, die eine KRL von 180 mm bei einer SL 360 mm und einer GL etwa 540 mm erreicht.

Der Canthus rostralis ist deutlich entwickelt. Am Kopf befinden sich mittelgroße Stacheln. Die Occipital-Querreihe ist über der Ohröffnung deutlich von den Längsstachelreihen (bestehend aus festen konischen Stacheln) getrennt. Von der Querstachelreihe sind links und rechts die drei äußersten Stacheln mäßig lang, die restlichen klein. Auf dem Nacken befinden sich kleine Ansammlungen von Stacheln nahe der Mittellinie, weiter außen größere Ansammlungen von Stacheln. Die Kehle (Bart) ist stärker entwickelt als bei *P. minor* und *P. mitchelli*. Die Rückenschuppen sind heterogen (vergrößerte gekielte Schuppen sind in die feinere Grundbeschuppung eingestreut).

An den Körperseiten verlaufen 3–8 durchgehende große Reihen von Stachelschuppen, deren Spitzen in verschiedene Richtungen zeigen. Die Kehl- und Bauchschuppen sind stark gekielt und mucronat. Es sind 10–14 Präanofemoralporen vorhanden. Zu weiteren Beschuppungsmerkmalen siehe Tabelle S. 192. *Pogona microlepidota* ist auf dem Rücken grau-braun gefärbt und hat eine blass graue Unterseite. Die Lippengegend ist ebenfalls blass grau. Während der Paarungszeit sind die Männchen intensiver gezeichnet mit rötlich gefärbtem Kopf.

◀ Abb. 390. Jungtier von *Pogona microlepidota*. Foto: J. Weigel

▲ Abb. 391. Der Lebensraum von *P. microlepidota* ist nur schwer zugänglich (Mitchell Plateau, Kimberleys, WA). Foto: B. Eidenmüller

**Verbreitung, Lebensraum und Lebensweise:** *Pogona microlepidota* hat nur ein kleines Verbreitungsgebiet in den nordwestlichen Kimberleys, Westaustralien (STORR 1982). Südlich reicht das Areal der Art bis auf die Höhe von Walcott Inlet und Wyndham. Der Lebensraum von *P. microlepidota* ist überwiegend eine offene Baumsteppe, durchsetzt mit Sandstein, dunklem Basalt, Quarzen und Graniten; der Boden ist mit Spinifex überzogen (COGGER 1992). *Pogona microlepidota* muss mit extremen klimatischen Bedingungen zurechtkommen (sehr ausgeprägter klimatischer Jahreszyklus in Bezug vor allem auf die Verteilung der Niederschläge). So können von Dezember bis März sintflutartige Regenfälle das Biotop der Agamen fluten. In den Monaten April bis November kann die Vegetation komplett vertrocknen. In manchen Jahren fällt der heftige Regen komplett aus. Offensichtlich ist die Individuendichte in der Natur extrem niedrig, was auch in der geringen Zahl an verfügbaren Museumsexemplaren zum Ausdruck kommt (STORR 1982).

**Pflege und Zucht:** Nach unserem Kenntnisstand ist *Pogona microlepidota* bisher noch nicht im Terrarium gepflegt worden.

## *Pogona minor* (STERNFELD 1919)

### Zwerg-Bartagame

1919 *Amphibolurus barbatus minor* STERNFELD, Senckenbergiana 1: 78; Terra typica: "Missionsstation Herrmannburg am oberen Finke-Flusse, südlich der Macdonnel-Ranges in Zentralaustralien", Australien.

Unterarten:
*Pogona minor minor* (STERNFELD 1919)
*Pogona minor minima* (LOVERIDGE 1933)

1933 *Amphibolurus barbatus minimus* LOVERIDGE, Proc. New England Zool. Club. 13: 69; Terra typical: "West Wallabi Island, Houtman's Albrolhos", Western Australia, Australien.

▲ Abb. 393. Jungadultes Tier von *Pogona minor minor* (Nähe von Goongarrie, WA). Foto: G. Shea

▲ Abb. 392. *Pogona minor minima*. Foto: P. Horner

**Systematik:** Die Taxa *minor* und *minima* wurden beide als Unterarten von *Amphibolurus barbatus* beschrieben (STERNFELD 1919, LOVERIDGE 1933). In ihrer Revision der *Amphibolurus barbatus*-Gruppe erhob BADHAM (1976) beide Unterarten in Artrang. Nach ihrer Auffassung kommt *minima* auf den Houtman Abrolhos Inseln sowie in weiten Teilen des südwestlichen Australiens vor, während *minor* weiter im Inland (im zentralen westlichen Australien) verbreitet ist. STORR (1982) hingegen reduzierte *minima* zur Unterart von *minor* und fasste *P. minor minima* als Endemit der Houtman Abrolhos Inseln auf. BADHAM (1976) verwendete das Vorhandensein einer deutlichen Nackenreihe von 5 oder mehr Stacheln beidseitig parallel zur Wirbelsäule als Hauptmerkmal zur Unterscheidung von *minima* gegenüber *minor*. WITTEN (1994a,b) konnte zeigen, das dieses Merkmal nicht zur Unterscheidung der beiden Taxa geeignet und auch keines der übrigen untersuchten Merkmale diagnostisch verwendbar ist. Nach heutigem Kenntnisstand sind deshalb *minor* und *minima* als artgleich aufzufassen. Ob die Bartagamen der Houtman Abrolhos-Inseln überhaupt als Unterart von den Festlandpopulationen abzugrenzen sind, werden zukünftige Studien zeigen.

▲ Abb. 394. Weibchen von *Pogona minor minor* (in Küstennähe, südlich von Geralton, WA). Foto: N. Schuster

**Beschreibung:** *Pogona minor* ist eine mittelgroße Bartagame mit einem dorsoventral abgeflachten Körper, die eine KRL von 149 mm bei einer SL 229 mm und einer GL etwa 375 mm erreicht. Der Canthus rostralis ist deutlich entwickelt. Am Kopf befinden sich kleine Stacheln. Die Occipital-Querreihe (aus kleinen Stacheln, die keine kontinuierliche Reihe bilden) trifft in einem rechten Winkel auf die supraauricularen Längsstachelreihen. Im Nackenbereich sind meist deutlich Nuchallängsreihen ausgebildet, die in Form von 2–6 Stacheln beiderseits der Wirbelsäule je eine Längsreihe bilden. Die Nuchallängsreihen sind deutlich getrennt von den Postorbitalreihen.

Der "Bart" ist nur schwach entwickelt. Zentrum der Kehle ohne vergrößerte Stachelschuppen. Die Rückenschuppen sind heterogen (vergrößerte gekielte Schuppen sind in die feinere Grundbeschuppung eingestreut). An den Seiten verläuft eine regelmäßige Stachelschuppenreihe. Die Bauchschuppen sind schwach gekielt. Es sind 10–18 Präanofemoralporen vorhanden. Zu weiteren Beschuppungsmerkmalen siehe Tabelle Seite 192. *Pogona minor* ist auf dem Rücken grau-braun gefärbt und weist mehrere hellere große Flecken beiderseits der Wirbelsäule auf. In der Schläfengegend befindet sich ein heller Postorbital-Längsstreifen. Die Kehlregion ist meist teilweise oder komplett dunkelgrau bis schwarz. Die Unterseite des Körpers ist blass grau oder schmutzig weiß (mit oder ohne helle, dunkel begrenzte Flecken). Der Schwanz ist undeutlich gebändert. Bei Wildfängen ist die Mundschleimhaut gelb, bei

▲ Abb. 395. Biotop von *P. minor minor* in der Nähe von Norseman, WA. Foto: N. Schuster

Nachzuchttieren aber rosa. Jungtiere haben meist einen auffälligen dunklen Fleck oberhalb der Schulter, ein Merkmal, das auch bei adulten *P. minor* oft noch erhalten bleibt. Nach den Beobachtungen von N. SCHUSTER (unveröff.) sind Tiere aus der Gegend von Geralton und Mullewa relativ langschnäuzig und langschwänzig. Bei den Männchen fiel eine Gelbfärbung an den Kopfseiten und Flanken auf. Tiere aus der Umgebung von Norseman hingegen sind kompakter gebaut mit (vor allem bei den Männchen) breiteren Köpfen. Die Kopfbestachelung ist bei diesen Tieren besonders stark ausgebildet.

**Verbreitung, Lebensraum und Lebensweise:** *Pogona minor minor* ist weit über das westliche und westlich-zentrale Australien verbreitet. Im Norden erreicht die Art die südliche Pilbara, Little Sandy Desert und Gibson Desert (einschließlich der Inseln Barrow, Dirk Hartog und Salutation) (BADHAM 1976, STORR 1982, WITTEN 1994a). *Pogona minor minima* ist auf den Houtman Albrolhos Inseln endemisch. Die bei HAUSCHILD & BOSCH (1997) und MÜLLER (2002) veröffentlichten Verbreitungskarten von *P. minor* zeigen nicht die Populationen im südwestlichen Teil von Western Australia. *Pogona minor* lebt

Abb. 396. *Pogona minor minor* (Halls Creek, WA). Foto: P. Horner

in Steppen und im lichten Busch- bzw. Trockenwald (CRAIG et al. 2007). Im Küstenbereich bewohnt sie auch Dünenlandschaften. N. SCHUSTER hat die Art auch in Eukalyptusbeständen entlang einer geteerten Straße in Westaustralien (zwischen Mt. Magnet und Yalgoo) beobachtet. Dort saßen die Tiere in 1–2 m Höhe im Geäst und waren wegen ihrer Färbung nur schwer zu entdecken. Sich ganz auf ihre Tarnung verlassend, verhielten sich die Agamen bewegungslos und drückten sich bei Annäherung eng an den Stamm. Erst unmittelbar, bevor man sie mit der Hand greifen konnte, ließen sie sich auf den Boden fallen und rannten davon. Auf der Insel Barrow (etwa 85 km nördlich von Onslow im nordwestlichen Western Australia) beobachtete SMITH (1976) *P. minor*, die sich in der Vegetation aufhielten (vor allem in den Zweigen von *Hakea lorea* und *Acacia bivenosa*). Der Boden ist in diesem Lebensraum üppig mit *Triodia*-Büschelgras bedeckt. Auf den Houtman Albrolhos Inseln besteht die spärliche Vegetation vor allem aus Büschen (u.a. *Carpobratus, Tetragonia, Olearia*) und Gräsern (u.a. *Spinifex*). Andere Bereiche sind mit Mangroven bestanden (STORR 1965).

Nach Mageninhaltsanalysen ernähren sich freilebende *Pogona minor* überwiegend von Grashüpfern und Grillen (29,9 %), Käfern (17,3 %), Termiten (11,7 %), Insektenlarven (8,1 %) und Pflanzenmaterial (19,3%) (PIANKA 1986).

Die Weibchen von *Pogona minor* werden im zweiten Lebensjahr mit einer Größe von etwa 90 mm KRL geschlechtsreif (DAVIDGE 1980). Trächtige Weibchen wurden im Freiland von Mitte Juli bis Ende Dezember registriert, wobei im nördlichen Teil des Verbreitungsgebietes (nördlich des 30. Südlichen Breitengrades) die Eiablage in den Zeitraum Juli bis September fällt, während bei Populationen südlich des 30. Südlichen Breitengrades die Gelege von Oktober bis Dezember abgesetzt werden (BRADSHAW 1981). Die durchschnittliche Gelegegröße freilebender *P. minor* beträgt 7,6 Eier (2–19 Eier pro Gelege), wobei das Gelege im Durchschnitt

▲ Abb. 397. Gruppe von *Pogona minor minor* im Terrarium (zwei Weibchen sitzen auf einem Männchen!) Foto: N. Schuster

19,5 % der Masse des Weibchens vor der Eiablage ausmacht (PIANKA 1986, GREER 1989). Zwei bis vier Gelege kann ein Weibchen während einer Saison produzieren (GREER 1989, BRADSHAW 1981). Die Tiere graben für die Eiablage eine bis 25 cm tiefe Grube bzw. Erdhöhle, die sie nach dem Absetzen der Eier wieder vollständig verschließen (BROWNE-COOPER 1984). Unmittelbar nach der Ablage sind die Eier 20–25 mm lang und 12–14 mm im Durchmesser bei einer Masse von 1,85–2,86 g (BUSH 1992).

**Pflege und Zucht:** Die Männchen von *Pogona minor* sind untereinander absolut unverträglich, weshalb nur eine paarweise Haltung bzw. ein Männchen mit zwei Weibchen in Frage kommt. Eine Winterruhe sollte durchgeführt werden. Nach der Winterruhe können die ersten Paarungen beobachtet werden. Während einer Saison setzt das Weibchen zwei bis vier Gelege ab. Bei einer Inkubationstemperatur von 25 °C schlüpfen die Jungtiere nach 75–82 Tagen, bei 30 °C bereits nach 45–54 Tagen (BUSH 1992). Die Schlüpflinge haben eine KRL von 32–37 mm bei einer Masse von 1,7–2,9 g (BUSH 1992). Die Jungtiere sollten einzeln aufgezogen werden.

## *Pogona mitchelli* (BADHAM 1976)

### Mitchells Bartagame

1976 *Amphibolurus mitchelli* BADHAM, Austr. J. Zool. 24: 435; Terra typica: "Derby, Western Australia", Australien.

**Systematik:** In ihrer Revision der *Amphibolurus barbatus*-Gruppe, beschrieb BADHAM (1976) *Amphibolurus mitchelli.* STORR (1982) reduzierte *mitchelli* zur Unterart von *minor* mit der Begründung, das es eine enge (weniger als 200 km breite) Hybridzone zwischen *mitchelli* und *minor* in der südlichen Pilbara gäbe. Da diese "Hybridzone" bislang aber nicht näher untersucht bzw. dokumentiert wurde und die beiden Taxa morphologisch deutlich differenziert sind, fassen wir sie als eigenständige Arten auf.

▲ Abb. 399. Männchen von *Pogona mitchelli.* Foto: G. Köhler

▲ Abb. 398. Weibchen von *Pogona mitchelli.* Foto: U. Schuster

**Beschreibung:** *Pogona mitchelli* ist eine mittelgroße Bartagame, die eine KRL von 171 mm bei einer SL 205 mm und einer GL etwa 370 mm erreicht. Der Canthus rostralis ist deutlich entwickelt. Am Kopf befinden sich kräftige, feste, konische Stacheln. Die Occipital-Querreihe (aus Stacheln, die eine kontinuierliche Reihe bilden) trifft in einem Winkel von weniger als 90° auf die supraauricularen Längsstachelreihen. Statt Nuchallängsreihen sind nur kleine Gruppen von Stachelschuppen

▲ Abb. 400. Weibchen von *Pogona mitchelli*. Foto: G. Köhler

ausgebildet. Der “Bart” ist nur schwach entwickelt. Zentrum der Kehle ohne vergrößerte Stachelschuppen. Gruppen von Stachelschuppen befinden sich oberhalb des Trommelfells sowie am Hinterhaupt und am Mundwinkel. Die Rückenschuppen sind heterogen (vergrößerte gekielte Schuppen sind in die feinere Grundbeschuppung eingestreut). An den Seiten verläuft eine regelmäßige Stachelschuppenreihe. Die Bauchschuppen sind glatt oder schwach gekielt. Es sind 10–18 Präanofemoralporen vorhanden. Zu weiteren Beschuppungsmerkmalen siehe Tabelle S. 192. Rückenfärbung meist überwiegend gelblichbraun oder rötlichbraun, in der Regel ohne besondere Zeichnung.

**Verbreitung, Lebensraum und Lebensweise:** *Pogona mitchelli* ist im zentralen Northern Territory und im nordwestlichen Western Australia (westliche Kimberleys und nördliche Pilbara bis Port Hedland and Marble Bar Districts) verbreitet. Dort bewohnt die Art Trockenwälder, Steppen und Halbwüsten sowie (in der Pilbara und im Süden der Kimberleys) felsige Biotope. Echte Wüstengebiete werden gemieden (HOSER 1996). Der klimatische Jahreszyklus ist im Verbreitungsgebiet von *P. mitchelli* sehr ausgeprägt und während der heißen Sommermonate ziehen sich die Agamen zum Trockenschlaf in Verstecke zurück.

▲ Abb. 401. Lebensraum von *Pogona mitchelli* (Kimberleys, WA). Foto: N. Schuster

**Pflege und Zucht:** Nach den bisherigen Erfahrungen wird *Pogona mitchelli* nicht immer so zutraulich wie z.B. *P. vitticeps* und ist auch insgesamt etwas heikel in der Haltung. Eine Ruhephase von sechs bis acht Wochen Dauer während der Wintermonate ist empfehlenswert und dient der Fortpflanzungsstimulation. Während einer Saison setzt das Weibchen mehrere Gelege mit jeweils 6–16 Eiern ab. Bei einer Inkubationstemperatur von 26,5–28,0°C schlüpfen die Jungtiere nach 65–73 Tagen. Die Schlüpflinge weisen eine KRL von etwa 40 mm bei einer Schwanzlänge von etwa 55 mm auf (HAUSCHILD & BOSCH 1997). Die Jungtiere sollten in Einzelhaltung aufgezogen werden. Die Jungtiersterblichkeit im Terrarium ist leider recht hoch, die Gründe hierfür sind jedoch noch unbekannt.

▲ Abb. 402. Trächtiges Weibchen von *Pogona mitchelli* im Terrarium.
Foto: U. Schuster

▲ Abb. 403. Weibchen von *P. mitchelli* in der Eiablagehöhle.
Foto: R. Pesch

▲ Abb. 404. Frisch abgelegtes Ei von *Pogona mitchelli.*
Foto: R. Pesch

▲ Abb. 405. *Pogona nullarbor*. Foto: J. Wombey

## *Pogona nullarbor* (BADHAM 1976)

### Nullarbor-Bartagame

1976 *Amphibolurus nullarbor* BADHAM, Austr. J. Zool. 24: 440; Terra typica: "16 km NW. Of Naretha Railway Station, Western Australia", Australien.

**Beschreibung:** *Pogona nullarbor* ist eine mittelgroße Bartagame, die eine KRL von 144 mm bei einer SL 160 mm und einer GL etwa 305 mm erreicht. Der Canthus rostralis ist mäßig entwickelt. Die Occipital-Querreihe ist lückenhaft und unregelmäßig und verläuft in einem schwachen Winkel (Ausbuchtung Richtung Schnauzenspitze). Im Nackenbereich sind meist deutlich Nuchallängsreihen ausgebildet, die in Form von 2–6 Stacheln beiderseits der Wirbelsäule je eine Längsreihe bilden. Die Nuchallängsreihen sind deutlich getrennt von den Postorbitalreihen. Der "Bart" ist nur schwach entwickelt. Gruppen von Stachelschuppen befinden sich oberhalb des Trommelfells sowie am Hinterhaupt und am Mundwinkel. Zentrum der Kehle mit vergrößerten Stachelschuppen. Die Rückenschuppen sind heterogen (vergrößerte gekielte Schuppen sind in die feinere Grundbeschuppung eingestreut). An den Seiten verlaufen vier Stachelschuppenreihen.

Die Bauchschuppen sind glatt oder schwach gekielt. Es sind 10–16 Präanofemoralporen vorhanden. Zu weiteren Beschuppungsmerkmalen siehe Tabelle S. 192. Vom Trommelfell bis zu den Augen verläuft ein dunkler, hell begrenzter Streifen (Augenzügel). Die Oberseite von Kopf, Körper und Extremitäten weist eine gelblichbraune, graubraune oder rötlichbraune Grundfärbung auf. Manche Tiere sind ausgesprochen bunt und kontrastreich gefärbt. Auf dem Rücken zeigen sich 6-7 markante schmale helle Querbänder, die meist einen gewellten Verlauf haben. Der Schwanz ist deutlich gebändert. Die Bauchseite ist hellgrau mit einem deutlichen Ozellenmuster oder kurzen graubraunen Längsstreifen. Die Kehle ist hellgrau oder schmutzig weiß mit 3–4 wellenförmigen Querstreifen.

▲ Abb. 406. *Pogona nullarbor* beim Drohen ("Nullarbor" Roadhouse, SA). Foto: G. Shea

▲ Abb. 407. Nullarbor-Ebene mit Akazienbestand. Foto: N. Schuster

**Verbreitung, Lebensraum und Lebensweise:** *Pogona nullarbor* ist in seiner Verbreitung auf die Nullarbor-Ebene im südöstlichen Western Australia und westlichen South Australia beschränkt. Der Lebensraum von *P. nullarbor* ist eine halbwüstenartige Buschsteppe mit trockenadaptierten Gräsern und Büschen sowie kleinbleibenden Bäumen (vor allem Akazien).

Das Gebiet ist insgesamt sehr trocken und erhält weniger als 250 mm jährliche Niederschläge. Wenn es dann mal ergiebig regnet (was nicht unbedingt jedes Jahr vorkommt!) verwandelt sich die vorher ausgedörrte Landschaft innerhalb kürzester Zeit zu einem Blütenmeer. Die Individuendichte der Bartagamen in der Nullarbor-Ebene ist sehr niedrig (N. SCHUSTER eigene Beob.). Die Weibchen von *P. nullarbor* produzieren Gelege mit 12–19 Eiern, aus denen die Jungtiere im Dezember schlüpfen (SMITH & SCHWANER 1981, WILSON & KNOWLES 1988).

▲ Abb. 408. Männchen von *Pogona nullarbor*. Foto: N. Schuster

**Pflege und Zucht:** *Pogona nullarbor* ist eine lebhafte Bartagame, die sehr zutraulich werden kann. Bei N. SCHUSTER wurde ein Exemplar dieser Art elf Jahre alt.

SMITH & SCHWANER (1981) hatten am 30. August 1980 zwei trächtige Weibchen von *Pogona nullarbor* gefangen. Die Eier zeichneten sich als Ausbuchtungen deutlich durch die Haut ab und waren zu fühlen. Ein Exemplar (140 mm KRL) wurde konserviert und geöffnet: es enthielt 14 Eier (sechs Eier im rechten Eileiter, acht Eier im linken Eileiter). Das zweite Tier (135 mm KRL) verstreute am 1.–2. Oktober 1980 12 Eier im Terrarium (zwei weitere Eier folgten am 8. Oktober 1980). Die Eier wiesen unmittelbar nach der Ablage eine Länge von 22,9–24,2 mm bei einem Durchmesser von 13,9–16,1 mm auf. Im Laufe der Inkubation (bei 27–29°C) nahmen die Eier an Umfang zu, so dass sie am 13. November 1980 im Durchschnitt 26,7 mm x 18,9 mm maßen. Kurz vor dem Schlupf verringerte sich jedoch die Eigröße wieder etwas; sie maßen am 14. Dezember 1980 im Durchschnitt 25,8 mm x 18,9 mm.

Nach 79–80 Tagen Inkubationsdauer schlüpften neun Jungtiere, die eine KRL von 33,6–37,3 mm bei einer Gesamtlänge von 75,6–87,5 mm aufwiesen. Die Färbung und Zeichnung der Jungtiere entspricht der der adulten Tiere.

▲ Abb. 409. *Pogona nullarbor* (Männchen). Foto: J. Wombey

▲ Abb. 410. *Pogona vitticeps* (Alice Springs, NT). Foto: B. Eidenmüller

## *Pogona vitticeps* (AHL 1926)

### Gewöhnliche Bartagame

1926 *Amphibolurus vitticeps* AHL, Zool. Anzeiger 67: 189; Terra typica: "Australien".

**Beschreibung:** *Pogona vitticeps* ist eine große Bartagame, die eine KRL von 250 mm bei einer GL von etwas mehr als 500 mm erreicht. Der Canthus rostralis ist deutlich entwickelt. Die Occipital-Querreihe ist regelmäßig und verläuft in nahezu gerader Linie oder auch in einem schwachen Winkel von 140–150° (Ausbuchtung Richtung Schnauzenspitze). Nuchallängsreihen sind nicht ausgebildet. Der "Bart" ist gut entwickelt, wenn auch nicht so stark wie bei *P. barbata*. Gruppen von Stachelschuppen befinden sich oberhalb des Trommelfells sowie am Hinterhaupt und am Mundwinkel. Zentrum der Kehle mit vergrößerten Stachelschuppen. Die Rückenschuppen sind heterogen (vergrößerte gekielte Schuppen sind in die feinere Grundbeschuppung eingestreut). An den Seiten verläuft eine regelmäßige Stachelschuppenreihe. Die Bauchschuppen sind mehr oder weniger deutlich gekielt. Es sind 9–19 Präanofemoralporen vorhanden. Zu weiteren Beschuppungsmerkmalen siehe

▲ Abb. 411. Habitat im Kalbarri Nationalpark, WA. Foto: B. Eidenmüller

Tabelle S. 192. Die Grundfärbung kann sehr variieren, auch bei freilebenden *P. vitticeps* (zu Zuchtformen unter Menschenobhut siehe auch Seite 182ff). So gibt es u.a. graubraune, rötliche und gelbe Exemplare dieser Bartagamenart. Vom Trommelfell bis zu den Augen verläuft ein dunkler, hell begrenzter Streifen (Augenzügel). Die Ventralseite des Körpers ist meist ohne besonderes Muster, es können aber auch undeutliche Schattierungen oder Fleckungen vorhanden sein. Der Schwanz ist mehr oder weniger deutlich gebändert.

Nach den Untersuchungen von WITTEN & COVENTRY (1990) erreichen die adulten *Pogona vitticeps* im Süden des Verbreitungsgebietes eine geringere Körpergröße als im übrigen Areal der Art. Zu den kleinwüchsigsten Populationen zählen die des Big Deserts im westlichen Victoria; dort erreichen die Agamen eine maximale KRL von 175 mm. Vor allem die Männchen werden bereits mit einer geringeren Körpergröße geschlechtsreif. Die Gründe für die Kleinwüchsigkeit sind unbekannt.

**Verbreitung, Lebensraum und Lebensweise:** *Pogona vitticeps* ist weit über das östlich-zentrale Australien verbreitet (westlich der Great Dividing Range: südöstliches Northern Territory, südwestliches Queensland, westliches New South Wales, nordwestliches Victoria und östliches South Australia). Dort bewohnt die Art vor allem Buschsteppen und Trockenwaldgebiete. Meist handelt es sich um Savannen und steppenartige Gebiete mit Gras- und Buschbewuchs sowie an manchen Standorten mit lichter Baumvegetation (v.a. Akazienbestände). Der Lebensraum von *P. vitticeps* im Binnenland Australiens ist trockener und heißer als der von *P. barbata*. Wegen der hohen Sonneneinstrahlung übersteigt die Verdunstungsrate die Niederschlagsmenge, die weniger als 500 mm jährlich beträgt (NIX 1981). Manchmal bleibt der Regen im Habitat von *P. vitticeps* auch ein oder mehrere Jahre ganz aus. Der klimatische Jahreszyklus ist vor allem von den Lufttemperaturen geprägt (vgl. Klimadiagramme S. 253) mit Werten von 25–28 °C tagsüber und 10–15 °C nachts während der Wintermonate (Mai bis September) und mit Werten von 33–38 °C tagsüber und 20–24 °C nachts im Sommer.

▲ Abb. 412. Lebensraum in Trephina Gorge, McDonnell Range, NT. Foto: B. Eidenmüller

Man kann *P. vitticeps* oft auf erhöhten Plätzen, wie z.B. Zaunpfosten, Baumstümpfen und Stämmen beobachten. Es wurde berichtet, dass sich die Agamen bei leichtem Regen zu den Tropfen hin ausrichten und dann den Hinterkörper anheben, während sie den Kopf senken, um so das Wasser, das über den Rücken und Kopfoberseite zum Maul läuft, aufzulecken (SWAN 1990). Freilebende *P. vitticeps* fressen als Jungtiere etwa je zur Hälfte tierische und pflanzliche Kost, während adulte Exemplare sich zu über 90 Prozent vegetarisch ernähren (MACMILLEN et al. 1989).

In New South Wales setzen die Weibchen von *Pogona vitticeps* in selbstgegrabenen Erdhöhlen Gelege mit jeweils 10–20 Eiern ab (SWAN 1990). JOHNSTON (1979) hatte am 10. November 1976 bei Whyalla, South Australia, zwei trächtige Weibchen von *P. vitticeps* gefangen. Eines der Tiere setzte am 24. November 16 Eier ab, das zweite legte am 27. November elf Eier. Die Eiablagehöhle bestand aus einem 50 cm langen Gang,

▲ Abb. 413. *Pogona vitticeps* im Flinders Range National Park, SA. Foto: B. Eidenmüller

▲ Abb. 414. *Pogona vitticeps* in Quilbie, NSW. Foto: B. Eidenmüller

▲ Abb. 415. *Pogona vitticeps* ist die am häufigsten gehaltene Bartagame. Foto: S. Heinrich

der nach 35 cm einen 45°-Knick machte und in etwa 25 cm unter dem Erdniveau endete. Der Gang wies eine lichte Weite von etwa 8 cm auf und war am Ende zu einer Kammer von etwa 10 cm Durchmesser geweitet. Die Eier wiesen eine Länge von 23–29 mm und einen Durchmesser von 17–18 mm auf. Das Weibchen verschließt die Eiablagehöhle, wobei es vor allem die Hinterbeine einsetzt, und drückt bzw. klopft das Erdreich mit der Schnauzenoberseite fest (JOHNSTON 1979).

**Pflege und Zucht:** *Pogona vitticeps* ist wohl die am häufigsten gehaltene Bartagame und durchaus auch für den Anfänger geeignet. Sie neigt zu weniger innerartlicher Aggressivität als andere Arten und kann manchmal in kleinen Gruppen gehalten werden. Gut harmonierende Gruppen sind aber nicht selbstverständlich. Im Alter von etwa einem Jahr wird *Pogona vitticeps* in der Regel geschlechtsreif, unter Umständen aber auch schon mit 6 Monaten (HENDERSON 1992, ZIMMERMANN 1980). Eine Winterruhe von 8–12 Wochen Dauer sollte durchgeführt werden. Während der etwa vier Monate andauernden Fortpflanzungsperiode paart sich das Männchen wiederholt mit den Weibchen. Während einer Saison kann ein Weibchen bis zu sieben, meist aber zwei bis vier Gelege produzieren. Es legt dann im Abstand von zwei bis vier Wochen jeweils 15–30 Eier (gelegentlich weniger bzw. mehr). Unmittelbar nach der Eiablage sind die Eier etwa 30 mm lang und 18 mm breit und 7,1–8,4 g schwer (ZIMMERMANN 1980).

Bei einer Inkubationstemperatur von 27–29 °C schlüpfen die Jungtiere nach 60–85 Tagen, bei 25–27 °C nach 81–109 Tagen (JOHNSTON 1979, ZIMMERMANN 1980, EHMANN 1992, K. GRIESSHAMMER unveröff.). Die Schlüpflinge haben eine KRL von 39–42 mm bei einer Schwanzlänge von 50–53 mm (JOHNSTON 1979). Bei guter Fütterung wachsen die Jungtiere rasch heran und verdoppeln ihre Gesamtlänge innerhalb eines Monats (ZIMMERMANN 1980)! Leider leiden aber gerade ältere Tiere oft an Kieferabszessen; zudem neigen sie im Alter zur Tumorbildung.

▲ Abb. 417. *Pogona vitticeps* mit interessanter Färbung. Foto: K. Grießhammer

▲ Abb. 416. Jungtiere von *Pogona vitticeps* beim Schlupf. Foto: A. Calgua

▲ Abb. 418. Außergewöhnliche Farbzüchtung von *Pogona vitticeps* ("Hypo-Leatherback"-Variante). Foto: M. Konrad

# Erkrankungen

Abb. 419. *Pogona vitticeps* im Exotarium/Frankfurt Foto: G. Köhler

# Erkrankungen

Bartagamen haben in den 1990er Jahren den Siegeszug in der Terraristik angetreten und einer der Gründe, weshalb sie sich gegen andere Mitbewerber durchgesetzt haben, ist sicherlich ihre relativ geringe Krankheitsanfälligkeit. Zahlreiche andere Reptilienarten reagieren wesentlich empfindlicher auf Stress und suboptimale Haltungsbedingungen. Obwohl Bartagamen allgemein als robuste Terrarienpfleglinge gelten, treten dennoch in der Praxis verschiedene Krankheiten und Verletzungen auf.

Der überwiegende Teil der Erkrankungen resultiert aus Fehlern bei der Haltung und die beste Krankheitsvorsorge ist es, die Tiere so artgerecht wie möglich zu pflegen.

Im Folgenden werden einige Krankheitsbilder besprochen, die relativ häufig bei Bartagamen auftreten können. Es muss davor gewarnt werden, selbst zu versuchen, Krankheiten bei den Tieren zu behandeln. Ziel dieses Kapitels soll es sein, Erkrankungen vorzubeugen und frühzeitig zu erkennen. Weiterhin sollen Hinweise zu Erste-Hilfe-Maßnahmen gegeben werden und Tipps, die die Behandlung unterstützen. Alles weitere muss in Zusammenarbeit mit einem reptilienkundigen Tierarzt erfolgen. Nur dieser kann die Medikamentengabe (vgl. Tabelle S. 244), eventuelle Zwangsfütterungen und anderen invasive Maßnahmen fachgerecht durchführen. Es ist hervorzuheben, dass durch falsche Diagnosen und unkorrekte Durchführung von Therapiemaßnahmen wesentlich mehr Schaden als Nutzen erreicht wird! Wenn ein Tierarzt für eine Dauertherapie die Besitzer des Patienten anlernt, kann die eine oder andere Maßnahme eventuell auch von Laien durchgeführt werden.

Bereits bevor man sich Bartagamen anschafft, sollte man sich erkundigen, wo sich ein reptilienkundiger Tierarzt befindet.

Auf der Homepage der DGHT ist eine Liste spezialisierter Tierärzte veröffentlicht; auch eine Anfrage beim lokalen Terrarienkundeverein kann weiterhelfen. Veterinärmediziner, die in ihrer alltäglichen Praxis nicht mit Reptilien zu tun haben, sind mit Bartagamen verständlicherweise überfordert. Dass Infektionen (beispielsweise mit Salmonellen) bei Reptilien in manchen Fällen auf den Menschen übertragen werden können (vgl. BÖHME et al. 2009), sollte einem beim Umgang mit diesen Tieren generell bewusst sein. Zu selbstverständlichen Hygienemaßnahmen zählt das Waschen der Hände mit Seife und warmen Wasser nach dem Kontakt mit Echsen oder deren Utensilien.

▲ Abb. 420. Kranke und alte Tiere haben oftmals einen gestörten Flüssigkeitshaushalt und leiden unter Austrocknungserscheinungen. Foto: U. Schuster

▲ Abb. 421. Aufgrund falscher Ernährungsweise: Bewegungslose, apathische Jungtiere. Foto: B. Rüschoff/B. Christian

▶ Abb. 422. Stark abgemagertes Tier mit hervorstehenden Beckenknochen. Foto: M. Decker

Viele Erkrankungen bei Bartagamen gehen mit Austrocknung und Störungen des Elektrolythaushalts einher. So sollte man als Pfleger bei jeder Erkrankung dafür sorgen, dass die Echse genügend Flüssigkeit zu sich nimmt. Am besten geeignet sind hierfür isotonische Kochsalzlösungen (NaCl), die man in der Apotheke erhält. Beispielsweise mit einer Pipette kann man sie den Bartagamen auf die Schnauzenspitze tropfen, bis sie anfangen, die Flüssigkeit aufzulecken. In schlimmeren Fällen wird der Tierarzt eine Infusion verabreichen. Abgesehen von akuten Notfällen verschlechtert sich der Allgemeinzustand der Tiere meist recht langsam und diese Veränderung sollte vom Halter erkannt werden können. Die Bartagamen reduzieren ihre Aktivität, fressen weniger oder gar nicht und liegen flach auf dem Boden. Dies ist leider kein Hinweis auf eine bestimmte Krankheit, sondern zeigt nur an, dass etwas nicht stimmt. Die Bartagamen zeigen während ihrer Ruhephasen ein ganz ähnliches Verhalten und man muss ausschließen, dass das Tier nicht gerade mit der Winterruhe be-

ginnt. Wenn Bartagamen dies Verhalten zeigen, müssen sie prinzipiell auf Parasiten untersucht werden, aber auch sonst sind regelmäßig (mindestens einmal jährlich) Kotproben zu untersuchen. Auch schon das Erscheinungsbild und der Geruch des Kotes kann Hinweise auf gesundheitliche Störungen geben (vgl. Abb. 424). Normaler Kot hat die Form eines Würstchens, ist dunkelbraun bis schwarz und von knetfester Konsistenz (Abb. 423). Beim Koten setzen die Agamen in der Regel auch Harnsäure als weiße Substanz ab.

▲ Abb. 423. Normaler Kot mit Harnsäure. Foto: M. Konrad

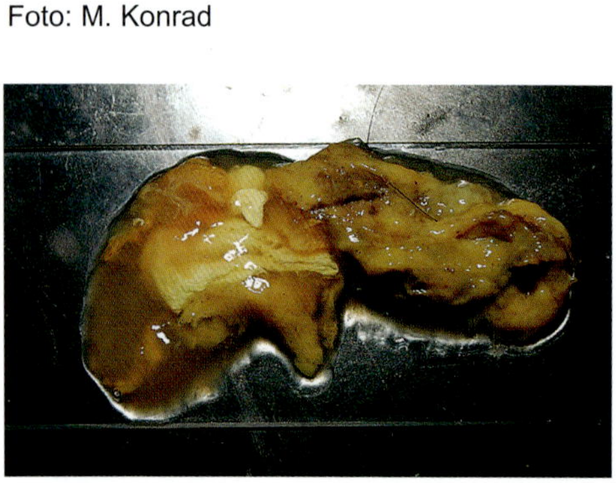

▲ Abb. 424. Kothaufen von unphysiologischer Farbe, Konsistenz und Geruch (Wurm- und Kokzidienbefall. Foto: B. Rüschoff/B. Christian

## Parasiten

**Endoparasiten** sind ein häufiger Auslöser von Erkrankungen. Sie sondern ungesunde Stoffwechselprodukte ab, entziehen dem Wirt Nahrung und schädigen ihn auf vielerlei anderen Wegen. Die Ansteckungsquelle von Endoparasiten sind meist andere Bartagamen bzw. andere Reptilien, die bereits Ausscheider der Erreger sind. Generell müssen alle Neuzugänge zunächst eine mindestens sechswöchige Quarantäne durchlaufen. Im Quarantäneterrarium muss sehr auf Sauberkeit und Hygiene geachtet werden. Nach Bedarf, mindestens jedoch ein- bis zweimal täglich, muss der Bodengrund (Zeitungspapier, Zellstoff) erneuert werden. Nach dem Kontakt mit den Tieren müssen die Hände gewaschen werden und es dürfen keine Materialien wie Futterschalen und Pinzetten bei mehreren Terrarien gemeinsam benutzt werden. Um die Agamen auf möglichen Parasitenbefall zu überprüfen, sendet man mehrfach eine frische Kotprobe an einen kundigen Tierarzt oder ein Tierhygienisches Institut (vgl. S. 251).

Neben allgemeiner Abgeschlagenheit der Tiere gibt es weitere mögliche Hinweise, die auf einen Parasitenbefall hindeuten können, z.B. Gewichtsabnahme trotz Futteraufnahme, übelriechender Stuhl, Durchfall, unverdaute Nahrungsbestandteile und sichtbare Teile von Bandwürmern im Kot.

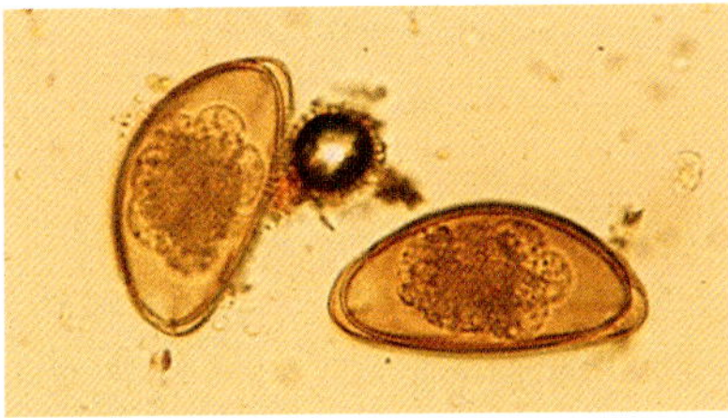

Oxyuren-Eier

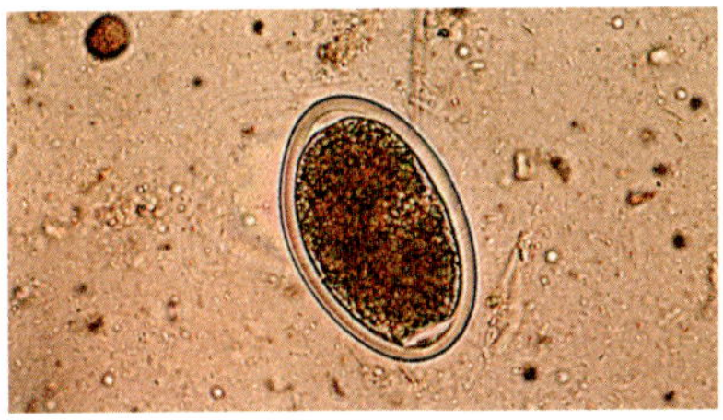

Askariden-Ei

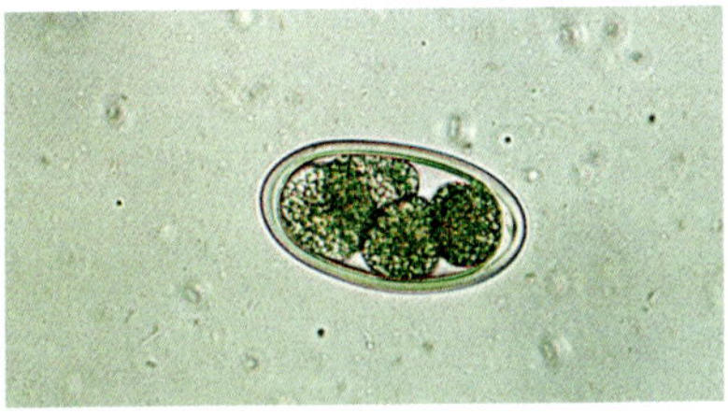

Askariden-Ei

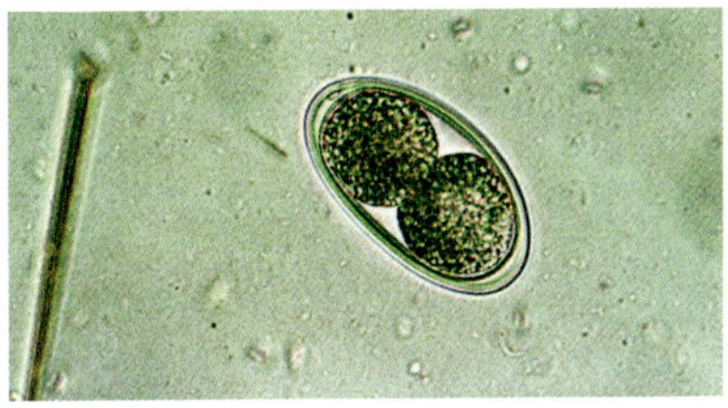

Askariden-Ei

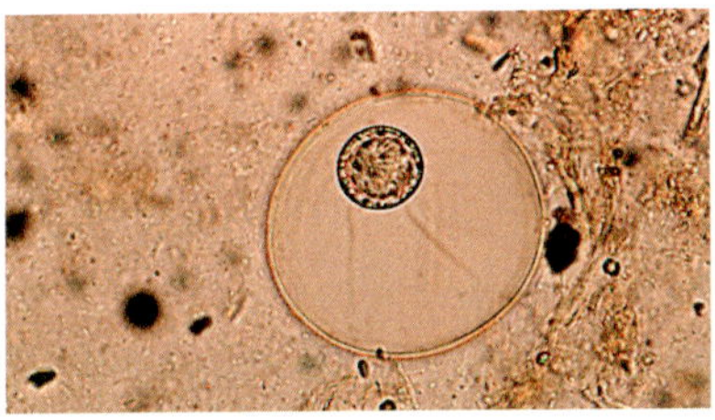

Cestoden-"Ei" (Oncosphäre)

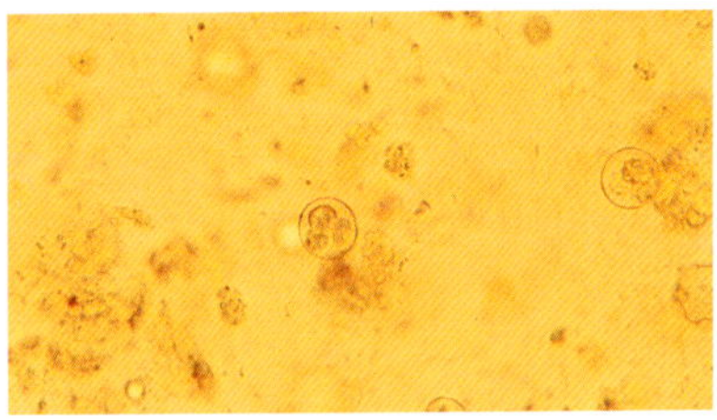

Coccidien-Oozysten

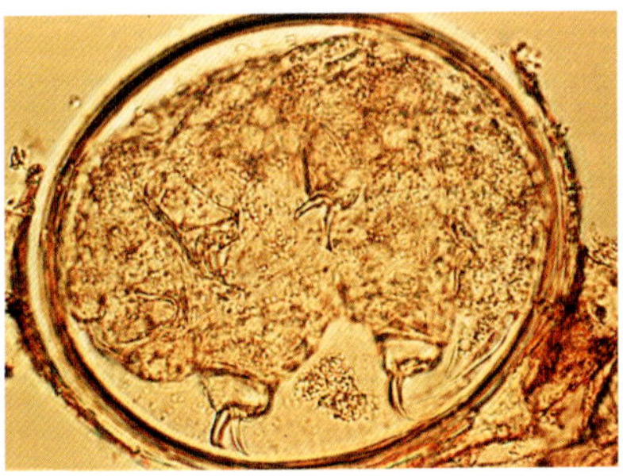

Pentastomiden-Ei mit Larve

Milbe

▲ Abb. 425-432. Parasitenstadien im Kot (außer Milbe) von Bartagamen unter dem Mikroskop. Fotos: G. Köhler und Archiv W. Frank

Die einzelligen Coccidien können regelmäßig bei Kotuntersuchungen gefunden werden und stellen in geringer Zahl keine große Gefahr für die Bartagamen dar. Diese Protozoen produzieren im Verdauungstrakt der Tiere aber kontinuierlich Dauerstadien (Oocysten), die mit den Ausscheidungen der Bartagamen ins Terrarium gelangen. Dort haben die Agamen wieder Kontakt mit dem eigenen Kot, nehmen die Oocysten auf und infizieren sich so erneut mit Coccidien. So nimmt die Anzahl der Coccidien in der Agame weiter zu und im schlimmsten Fall kann es zu einer Superinfektion kommen, die zu Durchfall, Flüssigkeits- und Gewichtsverlust führen kann.

Der Tierarzt wird die Behandlung je nach Zustand der Echse mit Flüssigkeitszufuhr und Zwangsfütterungen beginnen und einen medikamentösen Therapieplan erstellen. Die dauerhafte Bekämpfung der Coccidien kann – besonders wenn mehrere Tiere gepflegt werden – schwierig sein und mehrere Wochen dauern. Flagellaten und Amöben sind andere Einzeller die bei parasitologischen Untersuchungen gefunden werden können. Auch verschiedene Wurmparasiten, wie Saugwürmer (Trematoden), Bandwürmer (Cestoden) und Fadenwürmer (Nematoden) können die Bartagamen parasitieren und zahlreiche Probleme hervorrufen.

Die am häufigsten vorkommenden Nematoden sind Oxyuren, die eine direkte Entwicklung haben, weshalb es unter Terrarienbedingungen zu großen Befallsstärken kommen kann. Obwohl Oxyuren meist keine Krankheitssymptomatik hervorrufen, sollten sie medikamentös (Molevac) behandelt werden.

**Ektoparasiten (Milben und Zecken)** stellen die zweite Gruppe der Schädlinge dar, die Bartagamen parasitieren können. Häufig tritt ein Befall mit Milben auf. Man erkennt sie mit bloßem Auge auf den Tieren. Sie halten sich überwiegend in der Kloakenregion, in den Achseln und im Bereich des Maules auf. Einzelne Tiere und die Eier verteilen sich jedoch im Terrarium. Zur Behandlung müssen die Agamen in ein sehr spartanisch eingerichtetes Quarantäneterrarium gebracht werden. In diesem hängt man einen Insektenstrip auf, der kontinuierlich ein Insektizid abgibt. Da der Wirkstoff Dichlorvos in hohen Dosen als Nervengift wirkt, muss man die Größe des Streifens genau gemäß den Herstellerangaben berechnen und darauf achten, dass die Agamen den Strip nicht erreichen können. Es hat sich bewährt, ihn in einem Stück Perlonstrumpf im oberen Bereich des Terrariums aufzuhängen. Man sollte ihn auch möglichst weit entfernt von den warmen Beleuchtungskörpern anbringen, um eine übermäßige Ausdünstung zu vermeiden. In dieser Zeit werden die Tiere nur außerhalb des Terrariums getränkt und gefüttert. Eine Überdosierung (Dichlorvos-Vergiftung) kann sich in Form von Muskelzittern äußern; die

Bartagamen wirken dann wie betrunken. Dann muss der Strip sofort entfernt und das Terrarium gut gelüftet werden. Ändert sich der Zustand nicht oder wirkt bedrohlich, muss die Agame zu einer Gegengiftgabe zu einem Tierarzt gebracht werden.

Die Milbenbehandlung muss über einen Zeitraum von bis zu vier Wochen durchgeführt werden, und auch das Terrarium und dessen Einrichtung ist mit einzubeziehen.

Der Inhalt des gesamten Terrariums muss ausgeräumt und desinfiziert werden. Das Bodensubstrat kann im Backofen sterilisiert werden, die weiteren Einrichtungsgegenstände werden verworfen oder mit einem Desinfektionsmittel (z.B. Alkohol) gereinigt.

**Zecken**, die die Agamen beispielsweise im Freilandterrarium befallen können, sind leicht mit einer Zeckenzange zu entfernen. Man spannt die Reptilienhaut mit zwei Fingern und setzt die Zange direkt am Hautansatz an. Mit kontinuierlichem Zug lassen sie sich herausziehen.

▲ Abb. 433. Zecken an Ohröffnung und Auge bei einer Bartagame aus dem Freiland. Foto: M. Decker

## Bakterielle Erkrankungen

**Lungenentzündungen** kommen bei Bartagamen verhältnismäßig häufig vor. Atemwegserkrankungen werden gefördert durch ungünstiges Terrarienklima und hohes Staubaufkommen im Terrarium.

Man sollte deshalb zum einen dafür sorgen, dass die Tiere keinen kalten Luftströmungen ausgesetzt sind. Zum anderen muss bei der Wahl von Bodengrund und Rückwanddekoration darauf geachtet werden, dass wenig Staub freigesetzt wird.

Begünstigt durch Staub und Zugluft kann sich eine bakterielle Lungenentzündung entwickeln. Zur Behandlung kommen Antibiotika (möglichst nach Resistenztest) zum Einsatz. Unbedingt muss eine unterstützende Therapie (Optimierung der Haltungsbedingungen und Inhalationen mit ätherischen Ölen, z.B. Japanisches Heilpflanzenöl) durchgeführt werden. Eine weitere Ursache von Lungenentzündungen können Parasiten sein, wobei Pentastomiden (Zungenwürmer) eine Rolle spielen können.

**Abszesse** (mit Eiter gefüllte Hohlräume, die durch Einschmelzung von Gewebe entstanden sind) findet man bei Bartagamen häufig. Meist befinden sie sich unter der Haut (subkutan). Die Spaltung von Abszessen sollte man unbedingt einem Tierarzt überlassen, da der Abszeßinhalt bakteriologisch untersucht (inklusive Resistenztest) werden sollte und es zu Komplikationen wie z.B. Streuung der Erreger mit nachfolgender Sepsis kommen kann. Schwieriger zu therapieren sind Kiefervereiterungen, die neben eventuellen chirurgischen Maßnahmen unbedingt auch antibiotisch zu behandeln sind (nach Resistenztest).

▲ Abb. 434. Kleiner Unterkieferabszess bei einer *P. vitticeps*. Foto: M. Decker

▲ Abb. 435. Extremer Unterkieferabszess bei einer *P. vitticeps*. Foto: Archiv W. Frank

▲ Abb. 436. Fibrinpfropf aus der entzündeten Hemipenistasche einer *P. vitticeps*. Foto: G. Köhler

### Hemipenis-Entzündung

Bei einer Entzündung der auf der Unterseite der Schwanzbasis gelegenen Hemipenes schwillt der Bereich an. Zunächst handelt es sich meist um eine fibrinöse Entzündung und man kann oftmals einen länglichen Fibrinpfropf aus den Hemipenistaschen entfernen. Bei fortgeschrittenen Entzündungsprozessen kann es zu massiver Eiterbildung und Einschmelzung von Gewebe (Abszedierung) kommen. Die Behandlung erfolgt dann wie bei Abszessen.

Bartagamen sind oft symptomfreie Träger des Bakteriums ***Devriesea agamarum***, das bei Dornschwanzagamen (*Uromastyx* sp.) häufig schwere Hauterkrankungen auslöst (Martel et al. 2011). Aber auch bei *Pogona*-Arten kann *D. agamarum* borkige Hauterkrankungen verursachen (Hellebuyck et al. 2009a). Während ein Behandlungsversuch mit Enrofloxacin nicht zum Erfolg führte, konnte die Erkrankung durch Injektion von Ceftiofur (5 mg/kg

KM alle 24h) geheilt und das Bakterium eliminiert werden (HELLEBUYCK et al. 2009b). Da diese Erreger über Monate im (feuchten) Bodensubstrat lebensfähig und infektiös bleiben, sind Hygiene- und Desinfektionsmaßnahmen für eine erfolgreiche Therapie unerlässlich HELLEBUYCK et al. 2010b).

## Hautmykosen

Bei zu feuchter Haltung (Staunässe, insbesondere in den Versteckplätzen der Tiere) kann es zum Auftreten von Hautpilzerkrankungen bei den Bartagamen kommen, was sich meist in Form von borkigen Verdickungen äußert (s. Abb. 437). Es empfiehlt sich dringend, vom Tierarzt Proben der veränderten Bereiche für Bakterien- und Pilzkulturen nehmen zu lassen. Unbedingt müssen täglich die borkigen Beläge und Verkrustungen behutsam, aber doch gründlich entfernt werden, bis gesundes Gewebe zum Vorschein kommt. Wenn es sich um eine Hautmykose handelt, wird anschließend eine antimykotische Salbe (bei Hefen Nystatin; bei Schimmelpilzen Canesten-, Exoderil- oder Tinactin-Creme) aufgetragen. Solche Behandlungen sind meist langwierig und müssen sehr konsequent durchgeführt werden, sogar noch zwei bis drei Wochen über das Verschwinden der Symptome hinaus. Es sei darauf hingewiesen, daß ein Vitamin-A-Mangel das Auftreten von Hauterkrankungen fördert, weshalb auf ausreichende und regelmäßige Vitaminversorgung der Tiere zu achten ist.

In jüngerer Zeit wurde ein keratinophiler Pilz, die *Chrysosporium*-Anamorphe von *Nannizziopsis vriesii* (CANV) als kausaler Erreger für eine schwere, oftmals tödlich verlaufende granulomatöse Dermatomykose (im Englischen auch als Yellow Fungus Disease bezeichnet) bei Bartagamen festgestellt (BOWMAN et al. 2007). Therapieversuche mit Itraconazol bzw. Miconazol verliefen meist erfolglos, während der Wirkstoff Ketoconazol bzw. Voriconazol (10 mg/kg KM oral einmal täglich über einen Zeitraum von 7–10 Wochen) mit gutem Erfolg eingesetzt wurde (ABARCA et al. 2009, HELLEBUYCK et al. 2010a, VAN WAEYENBERGHE et al. 2010). HEDLEY et al. (2010) berichten aber auch über Erfolge einer Kombinationstherapie von Itraconazol (10 mg/kg KM oral einmal täglich über einen Zeitraum von 6 Wochen) mit lokaler Behandlung der betroffenen Hautbereiche mit Clotrimazol-haltiger Creme.

▲ Abb. 437. Hautpilzerkrankungen entstehen oftmals durch Staunässe im Terrarium. Foto: Archiv W. Frank

▲ Abb. 438. Gleichgewichtsstörung einer Bartagame mit Adenovirus-Infektion. Foto: K. Grießhammer

## Adenovirus-Infektion

Über virusbedingte Erkrankungen ist bei Reptilien im Vergleich zu anderen Tiergruppen (Vögel und Säugetiere) nur wenig bekannt. Mehrfach wurde über den Ausbruch von Adenovirus-Infektionen (Agamid Adenovirus 1) bei Bartagamen im Terrarium berichtet (KIM et al. 2002, MOORMANN et al. 2009, PARKIN et al. 2009). Klinische Symptome waren allgemeine Schwäche, Apathie, Nahrungsverweigerung und Koordinationsstörungen ("Himmelsstarren" und Gleichgewichtsprobleme). Es wurde vermutet, dass gleichzeitig bestehende Kokzidieninfektionen (*Isospora*) für die hohe Mortalität bei den Adenoviruserkrankungen mit verantwortlich sind (KIM et al. 2002). Auch symptomfreie Agamen können Träger des Virus sein und andere Tiere infizieren (WELLEHAN et al. 2004). Die Infektion findet vor allem über den oralen Kontakt mit Kot infizierter Tiere statt (WELLEHAN et al. 2004). Schlüpflinge können sich über die Aufnahme viraler Partikel, die an der Eischale haften infizieren. Da es keine kausale Therapie gibt und die Mortalität bei Jungtieren sehr hoch ist, wird dringend empfohlen, seine Bartagamen per PCR-gestützten Test durch den Tierarzt auf Adenoviren prüfen zu lassen. Adenovirus-positive Tiere sollten nicht zur Fortpflanzung gebracht werden und getrennt von nicht-infizierten Agamen gehalten werden. Die humane Euthanasie infizierter Bartagamen ist leider der sicherste Weg, um eine Verbreitung des Virus zu vermeiden.

## Ernährungsbedingte Erkrankungen

Bartagamen sind in der Regel gierige Fresser. Das gilt vor allem für Insekten (Grillen, Heuschrecken), die die Agamen mit Begeisterung erbeuten. Man darf aber nicht vergessen, dass pflanzliche Kost einen Großteil der Nahrung freilebender Bartagamen ausmacht, und zwar etwa 50 % bei Jungtieren und über 90 % bei adulten Exemplaren (MACMILLEN et al. 1989). Insekten sind von Natur aus mineralstoffarm (ihr Außenskelett besteht aus Chitin). Unbedingt sollten deshalb alle Futterinsekten gut angefüttert sein (engl.: gut loading) und vor dem Verfüttern mit einem Mineral-Vitamin-Pulver bestäubt werden.

Trotz dieser Maßnahmen führt einseitige Insektenfütterung (womöglich sogar überwiegend mit Mehlwürmern) bei den Agamen zu schwerwiegenden Stoffwechselerkrankungen.

Die resultierenden Krankheitsbilder betreffen vor allem das Skelett (Rachitis bzw. fibröse Osteodystrophie) und die Leber ("Fettleber"). Bei etwa einem Drittel der sezierten Bartagamen findet man Leberveränderungen, wobei die fettige Degeneration des Leberparenchyms (**"Fettleber"**) an erster Stelle steht (HAUSCHILD & BOSCH 1997). Parasitäre und bakterielle Leberentzündungen werden hingegen eher selten festgestellt. Neben Ernährungsfehlern (vor allem zu einseitige und zu fetthaltige Ernährung) spielen Pestizide, die mit der Nahrung aufgenommen werden, bei der Entstehung der Fettleber ursächlich eine große Rolle. Eine vielseitige und hochwertige Ernährung der Agamen dient zur Vorbeugung von Lebererkrankungen.

Rachitis bzw. fibröse Osteodystrophie sind Knochenstoffwechsel-Erkrankungen, denen ein Calcium- und Vitamin-D-Mangel zu Grunde liegt. Bei der **fibrösen Osteodystrophie** ist die Grundursache ein falsches Verhältnis von Calcium zu Phosphor in der Nahrung. Optimal ist ein Verhältnis von 1,0–1,5:1,0 (Ca:P) (FRYE 1981). Wenn nun über längere Zeit dieses Verhältnis zugunsten des Phosphors verschoben wird (z.B. durch einseitige Insektenverfütterung), kommt es zu einer verstärkten Aktivität der Nebenschilddrüse, so dass sie vermehrt ein Hormon (das Parathormon) produziert und ins Blut abgibt. Dieses Hormon bewirkt eine Mobilisierung des Calciums der Knochen, so dass das Skelett entmineralisiert wird. Insbesondere bei den Knochen, die einer stärkeren mechanischen Belastung ausgesetzt sind (vor allem Knochen der Extremitäten sowie die der Kiefer), versucht der Organismus den Stabilitätsverlust durch Zubildung von Bindegewebe auszugleichen. Dies führt zu einer Umfangsvermehrung der betroffenen Knochen, welche leicht durch Abtasten feststellbar ist. Andere Knochen (z.B. Schädel) werden durch diese Entmineralisierung weich und verformbar. **Rachitis** (bzw. Osteomalazie bei adulten Tieren) ist ein Sammelbegriff für Krankheitsbilder mit "weichen Knochen" (ausbleibende Mineralisierung des Knochengewebes), denen ein Vitamin-D-

▲ Abb. 439. Dieses Tier zeigt schwere Bewegungsstörungen, die auf frühere Knochenstoffwechselerkrankungen zurückgehen und irreversibel sind. Foto: K. Affonce

Mangel zu Grunde liegt. Wie viele Erkrankungen sind Rachitis und fibröse Osteodystrophie leicht durch Vorbeugung zu vermeiden (durch eine ausgewogene Ernährung, UV-Bestrahlung), aber schwierig und unbefriedigend zu behandeln. Einmal vorhandene Umfangsvermehrungen von Knochen lassen sich nicht wieder rückgängig machen. Man kann nur versuchen, den Krankheitsprozess zu stoppen, indem man dem Tier massiv Calcium (z.B. Calcium-Lactat oder Calcium-Gluconat) zuführt, die Ernährung optimiert (Vitamin-D-Versorgung!) und angemessene UV-Bestrahlung gewährleistet.

▲ Abb. 440. Osteomalazie: Dieses Tier hat einen verdickten Unterarm. Foto: B. Rüschoff/B. Christian

**Gicht** ist die Ablagerung von harnsauren Salzen (Uraten) in den Nieren ("Nierengicht"), den Gelenken ("Gelenkgicht") oder den Eingeweiden ("Viszeralgicht", vor allem der Leber und des Herzbeutels).

▲ Abb. 441. Osteomalazie. Hier hochgradige Verknöcherungsstörungen der Wirbelsäule. Foto: B. Rüschoff/B. Christian

Gicht tritt bei Bartagamen vor allem im Zusammenhang mit zu geringer Wasseraufnahme auf.

HAUSCHILD & BOSCH (1997) berichten, dass jede fünfte sezierte Bartagame unter Gicht litt! Das Endprodukt des Protein- und Purinstoffwechsels ist bei Reptilien Harnsäure, die mit Hilfe der Nieren ausgeschieden wird. Bei Nierenschädigungen (z.B. altersbedingt oder durch Medikamentengabe verursacht) oder Austrocknung, können die Urate nicht ausreichend ausgeschieden werden und es kommt zu einem erhöhten Harnsäurespiegel im Blut (Hyperurikämie). Die schlecht wasserlöslichen Urate beginnen dann im Gewebe auszufallen. Zur Gichtvorbeugung sollte den Agamen im Terrarium immer frisches Wasser zur Verfügung stehen und man sollte durch sorgfältiges Beobachten sicherstellen, dass alle Tiere ans Wasser gehen und auch trinken (vgl. auch Kapitel "Flüssigkeitsaufnahme", S. 77).

Durch Kotanschoppung kann es zu **Darmverstopfungen** kommen. Auch die übermäßige Aufnahme von Bodensubstrat (z.B. Sand) – was bei Tieren mit Mineralstoffmangel und Parasiten verstärkt auftreten kann – führt manchmal zu schweren Verstopfungen. Im Verdachtsfall kann die Diagnose "Verstopfung" über eine Röntgenaufnahme abgesichert werden (Abb. 442). Zur Behandlung kann ein Einlauf und auch die orale Gabe von Salatöl (z.B. Sonnenblumenöl) versucht werden.

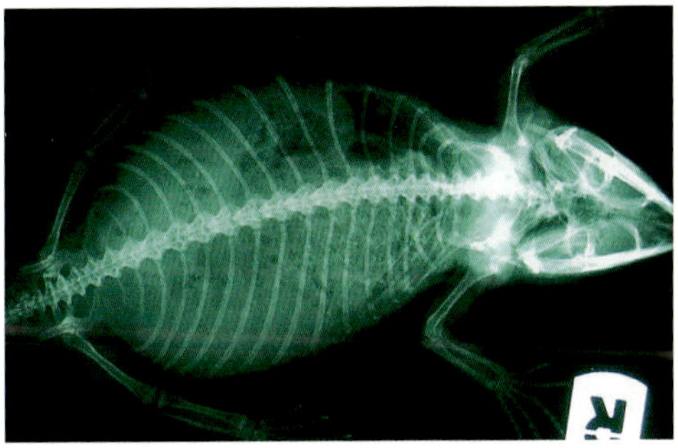

▲ Abb. 442. Röntgenbild einer Bartagame mit Verstopfung. Foto: A. Luft

▼ Abb. 443. Bartagame mit rechtem Hemipenisvorfall, bei dem eine Amputation angezeigt ist. Foto: B. Rüschoff/B. Christian

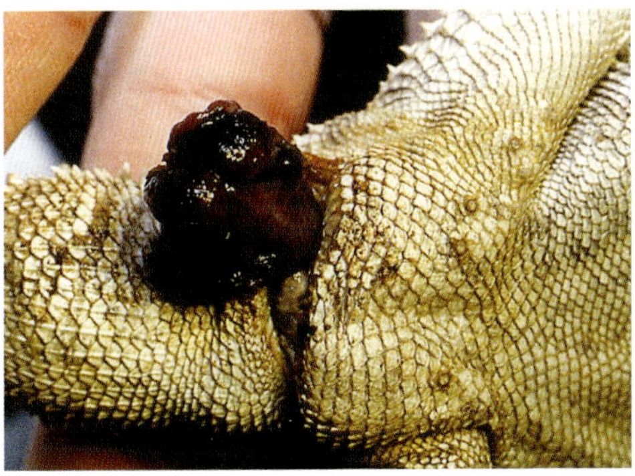

## Hemipenisvorfall

Bei Hemipenisvorfällen kann es zu Verletzungen und Infektionen dieser empfindlichen Organe kommen. Deshalb muss versucht werden, nach Säuberung und Abspülen mit steriler physiologischer Kochsalzlösung den vorgefallenen Teil vorsichtig zurückzulagern. Ist das Organ bereits eingetrocknet oder verletzt, kommt man um eine Amputation meist nicht herum. Muss nur eine Seite amputiert werden, so bleibt das Tier zeugungsfähig.

## Knochenbrüche

So lange die Bruchfragmente nicht zu verschoben sind, genügt eine konservative Therapie. Zur Stabilisierung sollte die betroffene Extremität geschient werden, wobei z.B. (Teile von) Wattestäbchen zum Einsatz kommen können. Bei

▼ Abb. 444. Bartagame mit gebrochenem Vorderbein. Foto: M. Kluge

Zehenfrakturen hat sich ein Pflasterverband zur Ruhigstellung der Fraktur bewährt. Dabei müssen die Zehenzwischenräume mit Watte ausgepolstert werden. Die Heilungstendenz von Knochenbrüchen ist bei Reptilien im Allgemeinen sehr gut.

▲ Abb. 445. Dieser gebrochene Unterkiefer wurde geschient. Foto: M. Kluge

## Bissverletzungen und Nekrosen

Bei Bissverletzungen hängt es von der Schwere der Verletzung ab, welche Maßnahmen zu ergreifen sind. Bei kleinen Wunden reicht das dünne Auftragen einer antiseptischen Salbe oder Lösung (z.B. Betaisodona). Der Heilungsprozess wird durch Vitamin-A-haltige Salben (z.B. Unguentolan-Wundsalbe) unterstützt. Schwerwiegendere Verletzungen müssen vom Tierarzt gegebenenfalls genäht werden.

Manchmal kann man bei Bartagamen das Absterben und Eintrocknen von Zehen oder Schwanzspitze beobachten. Hierfür kommen sowohl infektiöse als auch nicht-infektiöse Ursachen in Frage.

Es ist immer darauf zu achten, dass die Agamen auch die Schwanzspitze vollständig häuten, da verbliebene Häutungsreste zu einem Abschnüren und über längeren Zeitraum zum Absterben des betroffenen Abschnitts führen.

In manchen Fällen kommt es durch Abschnüren und Verlust des abgestorbenen Gewebes zur Selbstheilung. Sollte dies nicht der Fall sein, muss rechtzeitig im gesunden Bereich amputiert werden, bevor lebenswichtige Strukturen an der Schwanzbasis von der Nekrose betroffen sind. Als weitere nicht-infektiöse Ursache kommen Bissverletzungen in Betracht, die auch zum vollständigen Verlust aller Zehen führen können (Abb. 449). Wie generell bei Verletzungen muss die Wunde gereinigt, desinfiziert und abgestorbenes Gewebe entfernt werden. Je nach Fall wird abgewogen, ob genäht oder amputiert werden muss. Beim Verlust einzelner Zehen

▲ Abb. 446. Bartagame mit amputiertem Vorderbein. Foto: Archiv W. Frank

▲ Abb. 447. Bartagame mit Schwanznekrose. Foto: A. Kübler

▲ Abb. 448. Bartagame mit Nekrose der Schwanzspitze. Foto: A. Kübler

◀ Abb. 449. Nekrotischer Fuß nach einer Bissverletzung. Foto: A. Kübler

muss in der Regel nichts unternommen werden, solange es keine Anzeichen einer Entzündung gibt. Hinweise auf Entzündungen sind Nässen und Anschwellen des Wundbereichs. Auch Traumata wie das Einklemmen in Terrarientüren können zum Schwanzverlust führen. Meist ist keine besondere Behandlung notwendig.

Als infektiöse Ursache für ein trockenes Gangrän von Zehen und Schwanzspitze kommen in erster Linie Mykosen in Betracht. Bei diesen findet sich eine nekrotisierende gangränöse Dermatitis, die zu Einschnürungen und schließlich zum Verlust von Zehen und Schwanzspitze führt. Zur Behandlung muss täglich abgestorbenes Gewebe entfernt und eine antimykotische Salbe aufgetragen werden. Bei schweren Fällen kann sogar die Amputation eines Fußes notwendig werden.

## Legenot

Wenn Weibchen ihre Eier nicht ablegen, sondern deutlich über den normalen Eiablagetermin hinaus tragen, spricht man von Legenot. Häufig sind fehlende oder ungeeignete Eiablageplätze die Ursache für eine Legenot; es kommen aber auch störende Terrarienmitbewohner, Erschöpfungszustände, Mangelerscheinungen (z.B. Vitamin- oder Calciummangel) und zehrende Allgemeinerkrankungen des Weibchens in Betracht. Seltener können übergroße Gelege (Superfekundatio) und Eianomalien (Übergröße, Missgestaltung) ursächlich eine Rolle spielen.

Wenn die trächtigen Weibchen keine geeigneten Eiablageplätze vorfinden, kommt es häufig zu psychogener Legenot. Das Tier ist dann nicht bereit, sein Gelege an ungünstigen Plätzen abzusetzen und hält die Eier zurück.

▲ Abb. 450. Weibchen mit den Anzeichen einer Legenot. Foto: B. Eidenmüller

Bei reichlicher Fütterung neigen viele Reptilienarten dazu, übergroße Gelege oder übermäßig viele Gelege in Folge zu produzieren, was zu Erschöpfung und Austrocknung (die Eier nehmen gegen Ende der Trächtigkeit viel Wasser auf) führen kann.

Eine Legenot kann sich darin äußern, dass das Weibchen sich in kühlere Teile des Terrariums zurückzieht oder dass es, nachdem es vorher auf der Suche nach einem geeigneten Eiablageplatz viel umhergelaufen ist und gegraben hat, ruhiger wird und sich scheinbar wieder normal verhält. Gerade dann wird es kritisch. Nicht abgesetzte beschalte Eier können nicht mehr resorbiert werden. Ihr Inhalt verkäst, und sie verkleben mit dem Eileiter. Nach wenigen Wochen stirbt das Weibchen schließlich an einer eitrigen Eileiterentzündung, meist in Verbindung mit einer Peritonitis. Es ist oftmals schwierig zu beurteilen, wann man noch warten kann und wann es sich schon um eine Legenot handelt! Im günstigeren Fall kann es zum "Verwerfen der Eier" kommen, was sich darin äußert, dass das Weibchen nach Überschreiten des physiologischen Eiablagetermins die Eier nicht vergräbt, sondern wahllos im Terrarium verstreut. Dabei ist zu beachten, dass diese Tiere oftmals nicht alle Eier verwerfen, sondern einige wenige im Eileiter verbleiben, wo sie zu oben genannten Komplikationen führen können. Mit Hilfe einer Röntgen- oder Ultraschalluntersuchung muss geprüft werden, ob auch tatsächlich das gesamte Gelege abgesetzt worden ist.

Wenn erst einmal die – sehr unspezifischen! – Symptome einer Legenot erkennbar werden (Apathie, tiefliegende Augen, eingefallene Schwanzwurzel, stumpf wirkende Haut, Schmerzempfindlichkeit im Bauchbereich), ist es für eine Oxytocin-Therapie meist schon zu spät.

Um zu verhindern, dass es zu einer Legenot kommt, muss man, wenn der normale Eiablagetermin überschritten ist, die Eiablage rechtzeitig (bevor es zum klinischen Bild der Legenot kommt) mit Hilfe von Oxytocin (1–5 I.E./kg KM i.m.) einleiten. Da man nie ausschließen kann, dass das Weibchen einen Calciummangel hat, sollte man ihm 10 – 15 Minuten vor der Oxytocin-Gabe Calcium injizieren (z.B. Calcium-Sandoz 10%). In jedem Fall sollte vor Beginn einer Oxytocin-Therapie mit Hilfe einer Röntgen- oder Ultraschalluntersuchung sichergestellt werden, ob das Tier auch wirklich trächtig ist, da es eine Reihe von Erkrankungen gibt, deren Symptome denen einer fortgeschrittenen Trächtigkeit sehr ähnlich sind. Vor einem allzu sorglosen und vorschnellen Einsatz von Oxytocin muss

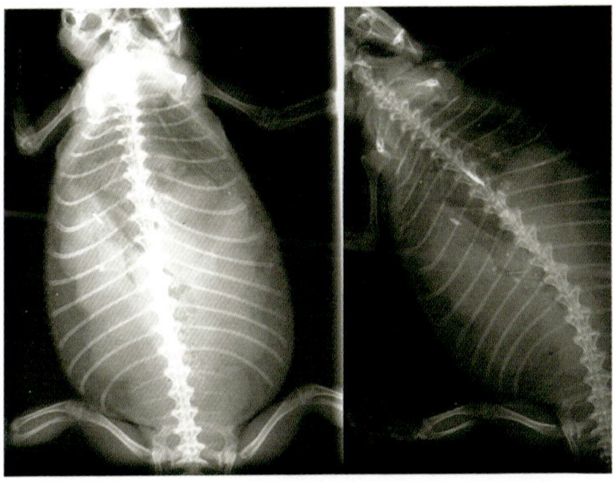

▲ Abb. 451. Röntgenbilder eines Weibchens mit Legenot. Foto: N. Smyrek

▲ Abb. 452. Legenot aufgrund von Follikelretention: Hier mussten die Follikel chirugisch entfernt werden. Foto: N. Smyrek

gewarnt werden, da diese Art der Behandlung einen enormen Eingriff in den Hormonhaushalt darstellt und der normale Ablauf der Eiablage vollkommen durcheinander gebracht wird. Sollte die Oxytocin-Therapie keinen Erfolg zeigen, bleibt als letztes Mittel das chirurgische Vorgehen.

## "Hängende" Augenlider

Bei manchen Bartagamen hängt das untere Augenlid tiefer als normal. Dieses Phänomen tritt einseitig oder beidseitig auf. Die Ursache ist nicht bekannt; möglicherweise spielt Vitamin-A-Mangel eine Rolle. Bei entzündlichen Prozessen kann eine antibiotikahaltige Augensalbe helfen.

## Überlange Krallen

Die Krallen der Bartagamen wachsen ebenso wie die Haut ständig nach und werden beim Laufen, Graben und Klettern wieder abgenutzt. Sie sind gebogen und scharf, um den Tieren einen guten Halt zu ermöglichen und als Grabehilfe zu fungieren. So können sie beim Versuch sich festzuhalten auch auf der Haut des Pflegers Kratzer hinterlassen. Dies darf jedoch kein Grund sein, die Krallen seiner Agamen zu schneiden! Im Terrarium kann es vorkommen, dass sich die Krallen kaum abnutzen, übermäßig wachsen und die Tiere sogar in der Fortbewegung behindern.

Für überlange Krallen ist meistens zu wenig Bewegungsfreiheit oder das Fehlen rauer Klettergegenstände im Terrarium verantwortlich.

Wird eine Kürzung der Krallen notwendig, lässt man sich von einem erfahrenen Tierarzt zeigen, wie dies zu tun ist, ohne das Tier dabei zu verletzen. Es ist wichtig, dass man nur den nicht-durchbluteten Bereich beschneidet. Gelegentlich kann es vorkommen, dass einzelne Krallen abreißen. Diese wachsen in der Regel binnen weniger Wochen nach.

## Missbildungen

Durch intensive Inzucht haben sich zahlreiche Genschäden in diverse Zuchtlinien von Bartagamen eingeschlichen. Besonders bei *P. henrylawsoni* schlüpfen immer wieder Tiere mit verkrümmten Wirbelsäulen, extremen Veränderungen im Bereich des Schwanzes, fehlenden Extremitäten und anderen Missbildungen. Solche Tiere dürfen nicht zur Zucht verwendet werden und müssen je nach Schwere der Missbildung gegebenenfalls vom Tierarzt eingeschläfert werden. Die Elterntiere dürfen dann ebenfalls nicht mehr miteinander verpaart bzw. deren Eier nicht inkubiert werden. Für die Zukunft wäre es wünschenswert, genetisch nicht verwandte Tiere in die bestehenden Terrarienbestände zu integrieren. Es sieht jedoch nicht so aus, als ob in nächster Zeit Genehmigungen für den Import von Wildfängen erteilt würden und vom illegalen Import muss dringend abgeraten werden! Abgesehen davon, dass dieser aus Gründen des Tier- und Artenschutzes unbedingt abzulehnen ist, drohen in Australien bei Verstößen gegen die dort geltenden Artenschutzbestimmungen mehrjährige Haftstrafen.

Es muss immer versucht werden, an Elterntiere zu gelangen, die möglichst wenig miteinander verwandt sind, keinesfalls sollten jedoch Geschwistertiere erworben werden!

▲ Abb. 453. “Rollschwanz”.

▲ Abb. 454. Schwanzmissbildung.

Fotos: Archiv W. Frank

▲ Abb. 455. Diese doppelköpfige Bartagame ist am Leben und frisst auch. Foto: B. Moss

## Altersbedingte Erkrankungen

Bartagamen leben unter Terrarienbedingungen meist sechs bis acht, selten mehr als zehn Jahre, ein Alter, das in freier Natur wohl selten erreicht wird. Die älteste Bartagame von Norbert Schuster wurde über 12 Jahre alt. Ab einem Alter von sechs bis acht Jahren gelten die Tiere als "Senioren". Sie werden dann inaktiver und stellen die Paarungsaktivitäten ein. Um einem Verfetten vorzubeugen, sollte man die Kalorienmenge in der Ernährung reduzieren. In diesem Alter sind sie auch stressanfälliger und sollten als "ältere Herrschaften" entsprechend schonend behandelt werden. Bei älteren Bartagamen treten verstärkt Abszesse und Tumoren auf. Abszesse können vom Tierarzt aufgeschnitten und gespült werden. Gegebenenfalls sollte auch eine antibiotische Therapie durchgeführt werden. Dann ist es sinnvoll, dass der Veterinärmediziner direkt einen Abstrich aus dem Abszess nimmt.

▲ Abb. 456. Im Alter werden die Bartagamen inaktiver und stressanfälliger (*P. mitchelli*). Foto: U. Schuster

Wenn der Tag kommt, an dem das Leiden des Tieres überwiegt, muss es eingeschläfert werden. Dies kann schmerzfrei und fachgerecht nur durch den Tierarzt geschehen. Das Einfrieren in der Kühltruhe ist reine Tierquälerei und unbedingt abzulehnen! Verstirbt ein Tier, sollte man eine Sektion durchführen lassen. Vielleicht lag eine ansteckende Infektion vor, die den restlichen Tierbestand gefährden kann.

## Medikamentendosierung

| Erkrankung | Wirkstoff | Handelsname | Dosierung | Bemerkung |
|---|---|---|---|---|
| Amöben, Flagellaten | Metronidazol | Flagyl | 40-100 mg/kg KM p.o.; nach zwei Wochen wiederholen | über 100 mg/kg KM ist mit Vergiftungserscheinungen zu rechnen |
| Amöben, Flagellaten | Tinidazol | Simplotan | 170 mg/kg KM p.o. alle 24 h über 8 Tage | |
| Coccidien | Sulfamethoxidiazin | Durenat | 80 mg/kg KM p.o als Initialdosis; dann 40-50 mg/kg KM p.o. alle 24 h | |
| Cestoden | Praziquantel | Droncit | 15-20 mg/kg KM p.o.; nach zwei Wochen wiederholen | |
| Nematoden | Fenbendazol | Panacur | 50-100 mg/kg KM p.o.; nach zwei Wochen wiederholen | kaum wirksam gegen Oxyuren |
| Oxyuren | Pyrvinium-Pamoat | Molevac | 0,5-1,0 ml/kg KM p.o.; nach zwei Wochen wiederholen | |
| bakterielle Infektionen | Doxycyclin | | 50 mg/kg KM i.m. als Initialdosis gefolgt von 25 mg/kg KM i.m nach 72 h | langsam injizieren, da Gefahr von Muskelnekrose an Injektionsstelle |
| bakterielle Infektionen | Enrofloxacin | Baytril | 10 mg/kg KM i.m. alle 24 h oder 5 mg/kg KM i.m. alle 12 h | |
| Hautmykosen | Clotrimazol | Canesten | 1-2x täglich äußerlich auftragen | |
| Hautmykosen | Tolnaftat | Tinactin | 1-2x täglich äußerlich auftragen | |
| innere Mykosen | Ketokonazol | Nizoral | 20 mg/kg KM p.o. alle 24 h | |
| innere Mykosen | Miconazol | Daktar i.v. | 10 mg/kg KM i.m. alle 24 h | |

# Literatur


ABARCA, M.L., J. MARTORELL, G. CASTELLÁ, A. RAMIS & F.J. CABAÑES (2009): Dermatomycosis in a pet inland bearded dragon (*Pogona vitticeps*) caused by a *Chrysosporium* species related to *Nannizziopsis vriesii*. DOI: 10.1111/j.1365-3164.2009.00736.x

AHL, E. (1926): Neue Eidechsen und Amphibien. – Zool. Anzeiger 67: 186-192.

AMEY, A.P. & J.M. WHITTIER (2000a): The annual reproductive cycle and sperm storage in the bearded dragon, *Pogona barbata*. – Australian J. Zool. 48 (4): 411-419.

AMEY, A.P. & J.M. WHITTIER (2000b): Seasonal patterns of plasma steroid hormones in males and females of the bearded dragon lizard, *Pogona barbata*. – General Comp. Endocrinol. 117 (3): 335-342.

BADHAM, J.A. (1976): The *Amphibolurus barbatus* species-group (Lacertilia: Agamidae). – Aust. J. Zool. 24: 423-443.

BAKER, A. (1998): Successful breeding. – Vivarium (Lakeside) 9 (3): 70.

BARTHOLOMEW, G.A. & V.A. TUCKER (1963): Control of changes in body temperature, metabolism, and circulation by the agamid lizard, *Amphibolurus barbatus*. – Physiol. Zool. 36 (3): 199-218.

BARTLETT, R.D. & P. BARTLETT (1999): Bearded dragons. – Hauppauge, NY (Barron's): 45 S.

BÖHME, H., A. FRUTH, F. REBMANN, D. SONTHEIMER & W. RABSCH (2009): Reptilien-assoziierte Salmonellenenteritis bei einem voll gestillten Säugling. – Klinische Pädiatrie 221: 74-75.

BOULENGER, G.A. (1885): Catalogue of the lizards in the British Museum (Natural History). 2 ed. Vol. 1. Geckonidae, Eublepharidae, Uroplatidae, Pygopodidae, Agamidae – London (Taylor & Francis). 436 S.

BOWMAN, M.R., J.A. PARÉ, L. SIGLERS, J.P. NAESER, K.K. SLADKY, C.S. HANLEY, P. HELMER, L.A. PHILLIPS, A. BROWER & R. PORTER (2007): Deep fungal dermatitis in three inland bearded dragons (*Pogona vitticeps*) caused by the *Chrysosporium* anamorph of *Nannizziopsis vriesii*. – Medical Mycology 45: 371-376.

BRADSHAW, S.D. (1981): Ecophysiology of Australian desert lizards: Studies on the genus *Amphibolurus*. S. 1393-1434. in: KEAST, A. (Hrsg.): Ecological biogeography of Australia. – The Hague, Boston, London (Dr. W. Junk bv Publ.): 2142 S.

BRATTSTROM, B.H. (1971): Social and thermoregulatory behaviour of the bearded dragon, *Amphibolurus barbatus* – Copeia 1971: 484-497.

BROWNE-COOPER, R. (1984): Notes on the reproduction of the bearded dragon, *Pogona minor*. – Herpetofauna (Sydney) 15 (1): 49.

BUNDESMINISTERIUM FÜR ERNÄHRUNG, LANDWIRTSCHAFT UND FORSTEN, REFERAT TIERSCHUTZ (1997): Gutachten über Mindestanforderungen an die Haltung von Reptilien – Bonn: 76 S.

Busch, M. (2009): Pflanzen für Heimtiere. Stuttgart (Verlag Eugen Ulmer), 256 S.

BUSH, B. (1981): Reptiles of the Kalgoorlie-Esperance region. – Esperance (privately printed): 48 S.

BUSH, B. (1992): Some records of reproduction in captive lizards and snakes. – Herpetofauna (Sydney) 22 (1): 26-31.

BUSH, B., B. MARYAN, R. BROWNE-COOPER & D. ROBINSON (1995): Guide to the Reptiles and Frogs of the Perth Region. – University of Western Australia Press, Nedlands, Australia: 211 S.

BUSTARD, H.R. (1966): Notes on the eggs, incubation and young of the Bearded Dragon, *Amphibolurus barbatus* (CUVIER). – Brit. J. Herpet. 3: 252-259.

BUSTARD, H.R. (1970): Australian Lizards. – (New South Wales) William Collins Pty. Ltd.: 162 S.

CARPENTER, C.C., J.A. BADHAM & B. KIMBLE (1970): Behavior patterns of three species of *Amphibolurus* (Agamidae). – Copeia 1970: 497-505.

COGGER, H.G. (1992): Reptiles and amphibians of Australia. – Chatswood & New York (Reed Books & Cornell University Press): 775 S.

CRAIG, M.D., M.J. GARKAKLIS, G.E.S.J. HARDY, A.H. GRIGG, C.D. GRANT, P.A. FLEMING & R.J. HOBBS (2007): Ecology of the western bearded dragon (*Pogona minor*) in unmined forest and forest restored after bauxite mining in south-west Western Australia. – Australian Journal of Zoology 55: 107–116.

CUVIER, G. (1829): Le Règne Animal. Distribué d'après son organisation, pour servir de base a l'histoire des animaux et d'introduction a l'anatomie comparée, Tome II. Reptiles. – Paris (Chez Déterville, Librairie): 406 S.

DALE, F.D. (1973): Fourty Queensland lizards. – Queensland Mus. Publ.: 64 S.

DALY, G. (1997): Behaviour of the bearded dragon lizards *Pogona barbata* and *P. vitticeps* in captivity. – Herpetofauna (Sydney) 27 (2): 28-32.

DAVIDGE, C. (1980): Reproduction in the herpetofaunal community of a *Banksia* woodland near Perth, W.A. – Austr. J. Zool. 28: 435-443

DENNERT, C. (2008): Ernährung von Landschildkröten. Natur und Tier-Verlag, 143 S.

DIERENFELD, E.S., H.L. ALCORN & K.L. JACOBSON (2002): Nutrient composition of whole vertebrate prey (excluding fish) fed in zoos. – Animal Welfare Information Center.

DOUGLAS, K.E. & K.E. SAKER, S.A. SMITH, J.L. ROBERTSON, S.D. HOLLADAY, (1999): A preliminary feeding study in bearded dragon lizards, *Pogona vitticeps*. – Bull. Assoc. Rept. Amph. Vet. 9 (3): 42-46.

DUNN, K. (1999): The "snow" dragon. – Vivarium (Lakeside) 10 (3): 6.

EHMANN, H. (1992): Enceclopedia of Australian animals. Reptiles. – Pymble (Angus & Robertson): 495 S.

ELLMAN, M.M. (1997): Hematology and plasma chemistry of the inland bearded dragon, *Pogona vitticeps*. – Bull. Assoc. Rept. Amph. Vet. 7 (4): 10-12.

EZAZ T, B. MORITZ, P. WATERS, J.A. MARSHALL GRAVES, A. GEORGES A & S.D. SARRE (2009): The ZW sex microchromosomes of an Australian dragon lizard share no homology with those of other reptiles or birds. – Chromosome Research 17(8): 965-973.

EZAZ, T., A.E. QUINN, I. MIURA, S.D. SARRE, A. GEORGES & J.A. MARSHALL GRAVES (2005): The dragon lizard *Pogona vitticeps* has ZZ/ZW micro-sex chromosomes. – Chromosome Research 13: 763-776.

FITZGERALD, M. (1983): A note on water collection by bearded dragon *Amphibolurus vitticeps*. – Herpetofauna (Sydney) 2 (14): 93.

FLEISCHHAUER, S.G., J. GUTHMANN, & R. SPIEGELBERGER (2007): Essbare Wildpflanzen: 200 Arten bestimmen und verwenden. – AT-Verlag, 247 S.

FRIEDRICH, U. & W. VOLLAND (1992): Futtertierzucht – Stuttgart (Ulmer Verlag): 188 S.

FRYE, F.L. (1981): Biomedical and surgical aspects of captive reptile husbandry. – Edwardsville (Vet. Med. Publ. Comp.): 456 S.

FRYE, F.L. (2003): Reptilien richtig füttern.– Stuttgart (Ulmer Verlag): 127 S.

FRYE, F.L, R.J. MUNN, M. GARDNER, S.L. BARTEN & L.B. HADFY (1994): Adenovirus-like hepatitis in a group of related Rankin's dragon lizards (*Pogona henrylawsoni*). – Journal of zoo and wildlife medicine 25 (1): 167-171.

GEHRMANN, W.H. (1987): Ultraviolet irradiances of various lamps used in animal husbandry. – Zoo. Biol. 6: 117-127.

GEHRMANN, W.H. (1994a): Light requirements of captive amphibians and reptiles. In: MURPHY, J.B., K. ADLER & J.T. COLLINS (Hrsg.): Captive management and conservation of amphibians and reptiles. – SSAR Contributions to Herpetology, Ithaca, New York, 11: 53-59.

GEHRMANN, W.H. (1994b): Spectral characteristics of lamps commonly used in herpetoculture. – Vivarium, Lakeside, 5 (5): 16-21, 29.

GLAUERT, L. (1952): Herpetological Miscellanea. – West. Austr. Nat. 3: 166-170.

GLAUERT, L. (1961): A handbook of the lizards of Western Australia. – Western Australian Naturalists' Club (Perth) Handbook 6: 100 S.

GREER, A.E. (1989): The biology and evolution of Australian lizards. – Chipping Norton, NSW (Surrey Beatty & Sons, Pty Ltd): 264 S.

GRIFFITHS, K. (1984): Reptiles and frogs of Australia. – (Sydney) View Productions Pty. Ltd.: 96 S.

GRIFFITHS, K. (1987): Reptiles of the Sydney Region – (Winmalee) Three sisters Productions Pty. Ltd.: 120 S.

HARTDEGEN, R.W. & M.K. BAYLESS (1999): Twinning in lizards. – Herp. Review 30 (3): 141.

HAUSCHILD, A. (2000a): Die bärtigen Drachen – Reptilia (D) 5 (25): 22-27.

HAUSCHILD, A. (2000b): Ein Evergreen: Bartagamen im Terrarium – Reptilia (D) 5 (25): 28-32.

HAUSCHILD, A. & H. BOSCH (1997): Bartagamen und Kragenechsen. – Münster (Natur und Tier-Verlag): 95 S.

HEDLEY, J., K. EATWELL & L. HUME (2010): Necrotising fungal dermatitis in a group of bearded dragons (*Pogona vitticeps*). – Veterinary Record 166: 464-465.

HELLEBUYCK, T., K. BAERT, F. PASMANS, L. VAN WAEYENBERGHE, L. BEERNAERT, K. CHIERS, P. DE BACKER, F. HAESEBROUCK & A. MARTEL (2010a): Cutaneous hyalohyphomycosis in a girdled lizard (*Cordylus giganteus*) caused by the *Chrysosporium* anamorph of *Nannizziopsis vriesii* and successful treatment with voriconazole. – Veterinary Dermatology 21: 429-433.

HELLEBUYCK, T., A. MARTEL, K. CHIERS, F. HAESEBROUCK & F. PASMANS (2009a): *Devriesea agamarum* causes dermatitis in bearded dragons (*Pogona vitticeps*). – Veterinary Microbiology 134: 267–271.

HELLEBUYCK, T., F. PASMANS, F. HAESEBROUCK & A. MARTEL (2009b): Designing a successful antimicrobial treatment against *Devriesea agamarum* infections in lizards. – Veterinary Microbiology 139: 189–192.

HELLEBUYCK, T., F. PASMANS, M. BLOOI, F. HAESEBROUCK & A. MARTEL (2010b): Prolonged environmental persistence requires efficient disinfection procedures to control *Devriesea agamarum*-associated disease in lizards. – Letters in Applied Microbiology 52: 28–32.KHAN, J.J., J.M.L. RICHARDSON & G.J. TATTERSALL (2010): Thermoregulation and aggregation in neonatal bearded dragons (*Pogona vitticeps*). – Physiology & Behavior 100: 180-186.

HENDERSON, I. (1992): The bearded dragon, *Pogona* sp., and it's maintenance and breeding in captivity. – Herptile 17 (1): 39-46.

HOSER, R.T. (1989): Australian reptiles and frogs. – Sydney (Pierson & Co.): 238 S.

HOSER, R.T. (1996): Reptiles encountered collecting in the Pilbara-Australia – Reptilian 4 (2): 25-35.

HOSER, R. (1997): *Pogona*-from an Australian perspective. – International Reptilian 5 (2): 27-37.

HOUSTON, T.F. (1978): Dragon lizards and goannas of South Australia. – Special Educational Bulletin Series, South Australian Museum, Adelaide: 84 S.

JACOBSON, E.R., D.E. GREEN, A.H. UNDEEN, M. CRANFIELD & K.L. VAUGHN (1998): Systemic microsporidiosis in inland bearded dragons (*Pogona vitticeps*). – J. Zoo Wildlife Medicine 29 (3): 315-323.

JACOBSON, E.R., W. KOPIT, F.A. KENNEDY & R.S. FUNK (1996): Coinfection of a bearded dragon, *Pogona vitticeps*, with adenovirus- and dependovirus-like viruses. – Veterinary Pathology 33 (3): 343-346.

JENKINS, R. & R. BARTELL (1980): A field guide to reptiles of the Australian high country. – Melbourne (Inkata Press Pty. Ltd.): 278 S.

JENNER, B. (1996): *Pogona barbata* on Kangaroo Island, S.A. – Herpetofauna (Sydney) 26 (1): 28-30.

JOHN, W. (1968): Zwei Australier: *Amphibolurus barbatus* und *Egernia cunninghami*. – D. Aquar. u. Terrarien Zeitschrift (DATZ) 21: 185-186.

JOHNSTON, G.R. (1979): The eggs, incubation, and young of the bearded dragon *Amphibolurus vitticeps* AHL 1926. – Herpetofauna (Sydney): 11 (1): 5-8.

KÄSTLE, W. (1973): Vollbart mit Hebelmechanik. Verhalten und Pflege der Bartagame. – Aquarien-Magazin 7 (2): 58-61.

KENNERSON, K.J. & G.J. COCHRANE (1981): Avid appetite for dandelion blossoms *Taraxacum officinale* by a Western bearded dragon *Amphibolurus vitticeps* AHL. – Herpetofauna (Sydney): 12 (2): 34-35.

KIM, D.Y., M.A. MITCHELL, R.W. BAUER, R. POSTON & D. CHO (2002): An outbreak of adenoviral infection in inland bearded dragons (*Pogona vitticeps*) coinfected with dependovirus and coccidial protozoa (*Isospora* sp.). – Journal of Veterinary Diagnostic Investigation 14: 332-334.

KLINGENBERG, R. (1998a): Common diseases of bearded dragons, Part 1: Parasites. – The Vivarium 9 (4): 19-22.

KLINGENBERG, R. (1998b): Common diseases of bearded dragons, Part 2: Nutritional disorders. – The Vivarium 9 (5): 48-50.

KLINGENBERG, R. (1998c): Common diseases of bearded dragons, Part 3: Adenoviruses. – The Vivarium 9 (6): 31.

KÖHLER, G. (1988): Der kleine Tip: Frischfutter aus dem "Bio-Snacky". – Sauria, Berlin, 10 (1): 24.

KÖHLER, G. (1992): Die Bedeutung von *Entamoeba invadens* bei der Vergesellschaftung von Echsen oder Schlangen mit Schildkröten. – Sauria 14 (4): 31-34.

KÖHLER, G. (1996): Krankheiten der Amphibien und Reptilien – Stuttgart (Ulmer Verlag): 168 S.

KÖHLER, G. (1998): Der Grüne Leguan. 3. Aufl. – Offenbach (Herpeton Verlag): 160 S.

KÖHLER, G. (2004): Inkubation von Reptilieneiern – Grundlagen, Anleitungen, Erfahrungen. 2. Auflage – Offenbach (Herpeton Verlag): 254 S.

KOHLMEYER, R. (2000): Verhalten und Interaktionen meiner Bartagamen (*Pogona vitticeps*) im Terrarium – Reptilia (D) 5 (25): 33-38.

LEE, A.K. & J.A. BADHAM (1963): Body temperature, activity, and behavior of the agamid lizard, *Amphibolurus barbatus*. – Copeia 1963 (2): 387-394.

LOVE, B. (2000): Bartagamenfieber – Reptilia (D) 5 (25): 39-42.

LOVERIDGE, A. (1933): New agamid lizards of the genera *Amphibolurus* and *Physignathus* from Australia. – Proc. New England Zool. Club. 13: 69-72.

MACEY, R.J., J.A. SCHULTE II, A. LARSON, N.B. ANANJEVA, Y. WANG, R. PETHIYAGODA, N. RASTEGAR-POUYANI & T.J. PAPENFUSS (2000): Evaluating trans-tethys migration: An example using acrodont lizard phylogenetics. – Syst. Biol. 49 (2): 233-256.

MACMILLEN, R.E. , M.L. AUGEE & B.A. ELLIS (1989): Thermal ecology and diet of some xerophilous lizards from Western South Wales. – Journal Arid Environ. 16: 193-201.

MAILLOUX, R. (1997): The future of bearded dragons. – Vivarium (Lakeside) 9 (1): 49.

MABBERLEY, D.J. (1987): The plant book.- –Cambridge University Press, Cambridge, 706 S.

MANTHEY, U. & N. SCHUSTER (1992): Agamen. – Münster (Natur und Tier-Verlag): 120 S.

MARTEL, A., T. HELLEBUYCK, K. VRANCKX, F. HAESEBROUCK & F. PASMANS (2011): Bearded dragons (*Pogona vitticeps*) asymptomatically infected with *Devriesea agamarum* are a source of persistent clinical infection in captive colonies of dab lizards (*Uromastyx* sp.). – Veterinary Microbiology 150: 3-4.

MCCOY, F. (1840): Natural History of Victoria. Prodromus of the Zoology of Victoria; or figures and descriptions of the living species of all classes of the Victorian indigenous animals. Vol. II (Decades XI. to XX). - Melbourne & London.

MERTENS, R. (1946): Die Warn- und Droh-Reaktionen der Reptilien. – Abh. Senckenb. Naturforsch. Ges. 471: 1-108.

MINCH, M. (2008): Handbuch der Futterpflanzen für Schildkröten und andere Reptilien. – KUS-Verlag, 350 S.

MITCHELL, F.J. (1973): Studies on the ecology of the agamid lizard *Amphibolurus maculosus* (MITCHELL). – Trans. Roy. Soc. South Austr. 97 (1): 47-76.

MOORMANN, S., F. SEEHUSEN, D. RECKLING, J. KILWINSKI, C. PUFF, M. ELHENSHERI, P. WOHLSEIN & M. PETERS (2009): Systemic Adenovirus Infection in Bearded Dragons (*Pogona vitticeps*): Histological, Ultrastructural and Molecular Findings. – Journal of Comparative Pathology 141: 78-83.

MÜLLER, D.D. (1999): *Pogona vitticeps* Bartagame. – Reptilia (D) 4 (3) Nr 17: 47-50.

MÜLLER, M.J. (1996): Handbuch ausgewählter Klimastationen der Erde. 5. Aufl. – Trier (Forschungsstelle Bodenerosion der Universität Trier): 400 S.

MÜLLER, P.M. (2002): Die Bartagame. – Keltern-Weiler (Kirschner & Seufner): 78 S.

NEUGEBAUER, W. (1972): Geglückte Aufzucht von Bartagamen. – D. Aquar. u. Terrarien Zeitschrift (DATZ) 25 (12): 424-426.

NIETZKE, G. (1989): Die Terrarientiere 1. Schwanzlurche und Froschlurche. – Stuttgart (Ulmer Verlag): 276 S.

NIETZKE, G. (1998): Die Terrarientiere 2. Schildkröten, Brückenechsen und Echsen. – Stuttgart (Ulmer Verlag): 366 S.

NIETZKE, G. (2002): Die Terrarientiere 3. Krokodile und Schlangen. – Stuttgart (Ulmer Verlag): 374 S.

NIX, H.A. (1981): The environment of *Terra Australis*. S. 104-133. in: KEAST, A. (Hrsg.): Ecological biogeography of Australia. – The Hague, Boston, London (Dr. W. Junk bv Publ.): 2142 S.

OLIVER, B. (1998): Predation on a *Pogona* sp. by *Pseudonaja textilis*. – Herpetofauna (Sydney) 28 (1): 54-55.

OONINCX, D.G.A.B., Y. STEVENS, J.J.G.C. VAN DEN BORNE, J.P.T.M. VAN LEEUWEN & W.H. HENDRIKS (2010): Effects of vitamin $D_3$ supplementation and UVB exposure on the growth and plasma concentration of vitamin $D_3$ metabolites in juvenile bearded dragons (*Pogona vitticeps*). – Comparative Biochemistry and Physiology, Part B 156: 122–128.

PARKER, S. (1998): Successful treatment of paralysis in a central bearded dragon (*Pogona vitticeps*). – Monitor (Victoria) 10 (1): 37-38.

PARKIN, D.B., L.L. ARCHER, A.L. CHILDRESS & J.F.X. WELLEHAN Jr. (2009): Genotype differentiation of Agamid Adenovirus 1 in bearded dragons (*Pogona vitticeps*) in the USA by hexon gene sequence. – Infection, Genetics and Evolution 9 (4): 501-506.

PFLUGMACHER, S. (1984): Haltung und Zucht der Australischen Bartagame *Amphibolurus vitticeps* LOVERIDGE, 1934. – Sauria 6 (3): 9-11.

PIANKA, E.R. (1986): Ecology and natural history of desert lizards. – Princeton (Princeton Univ. Press): 208 S.

PICKWORTH, B. (1981): Observations of behavioural patterns displayed by a pair of bearded dragons (*Amphibolurus barbatus*) (CUVIER). – Herpetofauna (Sydney) 12 (2): 13-15.

PORTER, R. (1991): Unusual basking behavior in captive bearded dragons (*Pogona barbata*). – Herpetofauna (Sydney) 21 (2): 31.

PRESIDENT, AUSTRALIAN SOCIETY OF HERPETOLOGISTS (1987): Case 2531. Three works by Richard W. Wells and C. Ross Wellington: proposed suppression for nomenclatural purposes. – Bull. Zool. Nomenclature 44 (2): 116-121.

QUINN, A.E., T. EZAZ, S.D. SARRE, J.A. MARSHALL GRAVES & A. GEORGES (2010): Extension, single-locus conversion and physical mapping of sex chromosome sequences identify the Z microchromosome and pseudo-autosomal region in a dragon lizard, *Pogona vitticeps*. – Heredity 104: 410-417.

QUINN, A.E., A. GEORGES, S.D. SARRE, F. GUARINO, T. EZAZ & J.A.M. GRAVES (2007): Temperature sex reversal implies sex gene dosage in a reptile. – Science 316: 411.

RANKIN, P. (1977): Burrow plugging in the netted dragon *Amphibolurus nuchalis* with reports on the occurrence in three other Australian agamids. – Herpetofauna (Sydney) 9 (1): 18-23.

RECHT, C. & M.-F. WETTERWALD (2008): Ernte am Wegrand: Wildkräuter, Früchte und Beeren. – Ulmer-Verlag, 128 S.

ROTHENHOFER, P. (2000): Die Bartagame. – DATZ 53 (10): 12-17.

RÜSCHOFF, B. & B. CHRISTIAN (2007): Reptilienpraxis, Falldarstellungen wichtiger Reptilienerkrankungen, Anleitungen zur Diagnose und Therapie – Herpeton Verlag, 297 S.

RYBAK, M. (1996): Vittikins dragons. – Vivarium (Lakeside) 7 (6): 26-27.

SCHAFER, S. (1979): Beards and blue-tongues. – Zoonooz 52 (4): 14.

SCHAUBLE, C.S. & G.C. GRIGG (1998): Thermal ecology of the Australian agamid *Pogona barbata*. – Oecologia (Heidelberg): 114 (4): 461-470.

SCHMIDA, G.E. (1968): Erlebnisse mit Bartagamen. – DATZ 21 (7): 27-30.

SHEA, G.M. (1995): The holotype and additional records of *Pogona henrylawsoni* WELLS & WELLINGTON, 1985. – Mem. Queensland Mus. 38 (2): 574.

SHEA, G.M. (2001): An overlooked senior synonym of *Pogona barbata* (CUVIER, 1829) (Squamata: Agamidae). – Amphibia-Reptilia 22 (1): 124-127.

SMITH, B. & T.D. SCHWANER (1981): Notes on reproduction by captive *Amphibolurus nullarbor* (Sauria: Agamidae). – Transactions of the royal Society of South Australia 105: 215-216.

SMITH, J. (1974): Hatching bearded dragons eggs. – South Austr. Herp. Group Newsletter 1984: 13.

SMITH, J. & B. SMITH (1993): Notes on the nest of a bearded dragon *Pogona minor*. – Western Austr. Nat. 19 (3): 266.

SMITH, L.A. (1976): The reptiles of Barrow Island. – West. Austr. Nat., Perth, 13 (6): 125-136.

STAHL, S.J. (1999): General husbandry and captive propagation of bearded dragons, *Pogona vitticeps*. – Bull. Assoc. Rept. Amph. Vet. 9 (4): 12-19.

STERNFELD, R. (1919): Neue Schlangen und Echsen aus Zentralaustralien. – Senckenbergiana 1: 76-83.

STÖSSL, T. (1993): *Pogona barbata* (CUVIER). – Sauria 15 (1-4) Suppl 3: 257-260.

STORR, G.M. (1965): The physiography, vegetation and vertebrate fauna of the Wallabi group, Houtman Abrolhos. – J. Roy. Soc. West. Aust. 48: 1-14.

STORR, G.M. (1982): Revision of the bearded dragons (Lacertilia: Agamidae) of Western Australia with notes on the dismemberment of the genus *Amphibolurus*. – Rec. West. Aust. Mus. 10 (2): 199-214.

STORR, G.M., L.A. SMITH & R.E. JOHNSTONE (1983): Lizards of Western Australia. II. Dragons and monitors. – Nedlands (University Western Australia Press): 113 S.

SUEDMEYER, W.K. & J.R. TURK (1996): Lymphoblastic leukemia in an inland bearded dragon, *Pogona vitticeps*. – Bull. Assoc. Rept. Amph. Vet. 6 (4): 10-12.

SWAN, G. (1990): A field guide to the snakes and lizards of New South Wales. – Winmalee (Three Sisters Productions Pty Ltd): 224 S.

THROCKMORTON, G.S., J. DE BAVAY, W. CHAFFEY, B. MERROTSKY, S. NOSKE & R. NOSKE (1985): The mechanism of frill erection in the bearded dragon *Amphibolurus barbatus* with comments on the jacky lizard *A. muricatus* (Agamidae). – Journal of Morphology 183: 285-292.

TRUTNAU, L. (1994): Terraristik. – Stuttgart (Ulmer Verlag): 320 S.

TURNER, G. & R.A. VALENTIC (1998): Notes on the occurrence and habits of *Pogona brevis*. – Herpetofauna (Sydney) 28 (1): 12-18.

VAN STEIJN, N.P. (1989): De verzorging en kweek van de Australische baardagame (*Pogona vitticeps*). – Lacerta 47 (5): 140-146.

VAN WAEYENBERGHE, L., K. BAERT, F. PASMANS, P. VAN ROOIJ, T. HELLEBUYCK, L. BEERNAERT, P. DE BACKER, F. HAESEBROUCK & & A. MARTEL (2010): Voriconazole, a safe alternative for treating infections caused by the *Chrysosporium* anamorph of *Nannizziopsis vriesii* in bearded dragons (*Pogona vitticeps*). – Medical Mycology 48 (6): 880-885.

VOSJOLI, P. DE (1996): Step by step vivarium design. A naturalistic vivarium for small bearded dragons. – Vivarium (Lakeside) 7 (6): 36-37.

VOSJOLI, P. DE & R. MAILLOUX (1993): The general care and maintenance of bearded dragons. – Lakeside.

VOSJOLI, P. DE & R. MAILLOUX (1996b): A simple system for raising juvenile bearded dragons (*Pogona*) indoors. – Vivarium (Lakeside) 7 (6): 42-45.

VOSJOLI, P. DE & R. MAILLOUX (1997a): All predictions are that 1997 will be the year of the dragon. – Vivarium (Lakeside) 8 (4): 21.

VOSJOLI, P. DE & R. MAILLOUX (1997b): Bearded dragons: Questions and answers. – Vivarium (Lakeside) 8 (5): 14-15.

VOSJOLI, P. DE & R. MAILLOUX (1997c): Tips for success with baby bearded dragons. – Vivarium (Lakeside) 8 (6): 24.

VOSJOLI, P. DE, R. MAILLOUX, S. DONOGHUE, R. KLINGENBERG & J. COLE (2001): The bearded dragon manual. – Irvine, California (The Herpetocultural Library, Advanced Vivarium Systems): 174 S.

WELLEHAN, J.F.X., A.J. JOHNSON, B. HARRACH, M. BENKÖ, A.P. PESSIER, C.M. JOHNSON, M.M. GARNER, A. CHILDRESS & E.R. JACOBSON (2004): Detection and analysis of six lizard adenoviruses by consensus primer PCR provides further evidence of a reptilian origin for the adenoviruses. – Journal of Virology 78 (23): 13366–13369.

WELLS, R. & C.R. WELLINGTON (1983): A synopsis of the Class Reptilia in Australia. – Aust. J. Herp. Suppl. 1 (3-4): 73-129.

WELLS, R.W. & R. WELLINGTON (1985): A classification of the Amphibia and Reptilia of Australia. – Australian J. Herpetol., Suppl. Series No. 1: 1-61.

WILMS, T. (2009): Terrarieneinrichtung. – Münster (Natur und Tier Verlag): 127 S.

WILSON, S.K. & D.G. KNOWLES (1988): Australia´s Reptiles. – Sydney (William Collins Pty. Ltd.): 477 S.

WITTEN, G.J. (1985): Relative growth in Australian agamid lizards: adaptation and evolution. – Australian J. Zool. 33: 349-362.

WITTEN, G.J. (1993): Family Agamidae. – S. 240-252 in: Galsby, C.J., G.J.B. Ross, G.F. WATSON & M. DAVIES (Hrsg.): Fauna of Australia. Vol. 24. Amphibia & Reptilia. – Canberra (Australian Government Publishing Service): viii + 439 S.

WITTEN, G.J. (1994a): Taxonomy of *Pogona* (Reptilia: Lacertilia: Agamidae). – Mem. Queensland Mus. 37 (1): 329-343.

WITTEN, G.J. (1994b): Relative growth in *Pogona* (Reptilia: Lacertilia: Agamidae). – Mem. Queensland Mus. 37 (1): 345-356.

WITTEN, G.J. & A.J. COVENTRY (1990): Small *Pogona vitticeps* (Reptilia: Agamidae) from the big Desert, Victoria, with notes on other *Pogona* populations. – Proceedings of the Royal Society of Vicoria 102: 117-120.

WOTHERSPOON, D. & S. BURGIN (2011): Allometric variation among juvenile, adult male and female eastern bearded dragons *Pogona barbata* (CUVIER, 1829), with comments on the behavioural implications. – Zoology114: 23–28.

ZIMMERMANN, E. (1980): Durch Nachzucht erhalten: Bartagamen – Aquarien Magazin 14 (2): 86-94.

ZIMMERMANN, E. (1983): Das Züchten von Terrarientieren. –Stuttgart (Franckh`sche Verlagshandlung): 238 S.

ZOFFER, D. & T. MAZORLING (1997): Bearded & frilled dragons. – Neptune City.

ZWINENBERG, A.J. (1977a): Die Bartagame (*Amphibolurus barbatus*). – Aquaria 24 (9): 157-164.

ZWINENBERG, A.J. (1977b): The Bearded Dragon. – Bulletin Chicago Herpetological Society: 12 (4): 93-98.

ZWINENBERG, A.J. (1980): Die Bartagame *Amphibolurus barbatus*. – Herpetofauna (Weinstadt) 2 (8): 8-11.

## Kotuntersuchungsstellen:

**Allgemeines zum Versand:**
Kotproben von Bartagamen für parasitologische Untersuchungen sollten so frisch wie möglich zum Labor kommen, weshalb sie unmittelbar nach dem Absetzen per Eilpost geschickt werden sollten. Die Probe darf nicht eingefroren werden, da dann bewegliche Stadien wie Amöben, Flagellaten und Ciliaten abgetötet werden und somit deren Nachweis erschwert bzw. unmöglich wird. Damit die Kotprobe nicht austrocknet, fügt man ein paar Tropfen Wasser hinzu. Um die Nachweiswahrscheinlichkeit von Parasiten bei geringem Befall bzw. unregelmäßiger Ausscheidung von Parasitenstadien zu erhöhen, kann eine Sammelkotprobe (= mehrere Kotproben von einem Individuum oder auch von mehreren Tieren) sinnvoll sein. Die Probe muss in einem dicht schließenden Plastikgefäß hygienisch verpackt verschickt werden. Besser ist es, sich für den Versand Röhrchen für Kotproben aus einer Apotheke zu besorgen. Auf den Websites der Labore kann meistens ein Auftragsformular ausgedruckt werden. Es gibt auch Komplettsets zum Verschicken von Kotproben (Beispiele s. Abbildung).

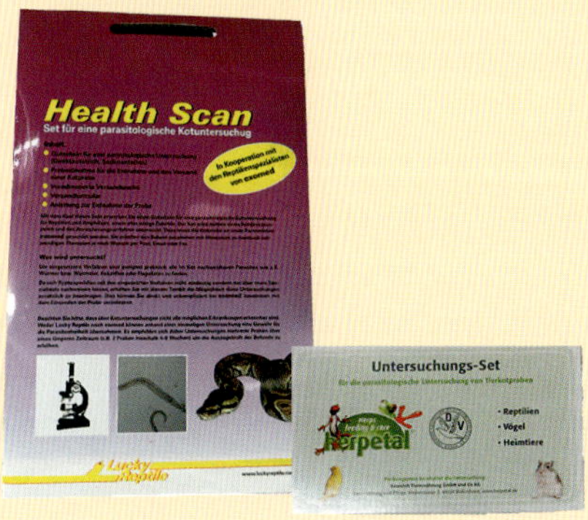


Nachfolgend eine kleine Auswahl von Laboren, die Kotuntersuchungen durchführen:

Exomed
Erich Kurz Str. 7
D-10319 Berlin
Tel. 030-51067701
www.exomed.de

Institut für Zoologie,
Fischereibiologie und Fischkrankheiten der tierärztlichen Fakultät LMU München
Kaulbachstr. 37
D-80539 München
Tel. 089-2180-2283
www.vogelklinik.vetmed.uni-muenchen.de

Laboklin - Labor für klinische Diagnostik
Rosenstr. 1
A-4040 Linz
Tel: 0732-7172-420
www.laboklin.at

Laboklin - Labor für klinische Diagnostik
Postfach
CH-4002 Basel
Tel. 061-3196060
www.laboklin.de

Tierärztliche Praxis Biron
Beethovenstr. 6
D-40233 Düsseldorf
Tel. 0211-9660739
www.reptilienlabor.de

Taubenklinik des Verbandes
Katernberger Strasse 115
D-45327 Essen
Tel. 0201-8722412
www.brieftaube.de

## Glossar

**adult** geschlechtsreif, erwachsen

**caudal** den Schwanz betreffend, schwanzwärts

**dorsal** am Rücken, rückenwärts

**dorsolateral** Übergang vom Rücken zur Seite

**Ektoparasiten** Außenparasiten

**endemisch** in der Verbreitung auf ein bestimmtes Gebiet beschränkt, kleinräumig verbreitet

**Endoparasiten** Innenparasiten

**Genetik** Teilgebiet der Biologie, das sich mit den Gesetzmäßigkeiten und Grundlagen der Ausbildung von erblichen Merkmalen und der Weitergabe von Erbanlagen (Genen) an die nächste Generation befasst

**Genotyp** Der Genotyp stellt das Erbbild und damit die genetische Ausstattung eines Individuums dar. Er ist maßgeblich für den Phänotyp verantwortlich.

**GL** Gesamtlänge

**heterogametisch** Gameten (Geschlechts- oder Keimzellen) mit zwei verschiedenen Geschlechtschromosomen

**heterozygot** mischerbig ist ein Merkmal dann, wenn ein Gen in unterschiedlichen Allelen vorliegt. Das dominante Allel bestimmt die Ausprägung im Phänotyp.

**homozygot** reinerbig, hier liegen beide Allele in gleicher Ausprägung vor

**hypomelanistisch** bezeichnet Tiere mit zuwenig Melanin in der Haut, wodurch diese Individuen blasser wirken

**Inkubation** Entwicklungsphase der Eier, Erbrüten von Eiern

**KRL** Kopf-Rumpflänge, Meßstrecke von Schnauzenspitze zu Kloakenspalt

**kryptische Färbung** Farbanpassung an die Umgebung

**lateral** an der Seite, seitlich

**LBH** Länge x Breite x Höhe

**Nacken-Längsreihe** längsverlaufende Reihe von Stachelschuppen auf der Oberseite des Halses (Nackenbereich)

**monophyletisch** von einer Urform abstammend, eine geschlossene Abstammungsgemeinschaft bildend

**mucronat** stachelförmig ausgezogen (bezieht sich auf den hinteren Schuppenrand)

**Occipital-Querreihe** querverlaufende Reihe von Stachelschuppen am Hinterhaupt; diese Reihe kann gerade oder in einem Bogen bzw. Winkel verlaufen

**Phänotyp** Der Phänotyp ist das Erscheinungsbild eines Individuums, z.B. dessen Färbung und Größe und ist sowohl vom Genotyp als auch von äußeren Einflüssen abhängig.

**phylogenetisch** die Stammesgeschichte betreffend

**Postorbital-Reihe** Reihe von Stachelschuppen am seitlichen Kopfrand, die vom hinteren Mundwinkel in einem Bogen unterhalb des Trommelfells bis zum Halsansatz reicht

**Präanofemoralporen** artspezifisch angeordnete Drüsenöffnungen an der Unterseite der Oberschenkel und dem ventralen Beckenbereich (vor der Kloakenöffnung), die in einer mehr oder weniger regelmäßigen Reihe angeordnet sind; die Angaben zur Anzahl in diesem Buch beziehen sich immer auf die Summe beider Seiten

**Scapularstacheln** Gruppe von Stachelschuppen oberhalb des Schultergelenks, am dorsalen Ende der Kehlfalte

**Supraauricular-Längsreihe** längsverlaufende Reihe von Stachelschuppen am seitlichen Kopfrand, die vom hinteren Augenrand oberhalb des Trommelfells bis zum Hinterhaupt reicht

**Subdigitallamellen** Schuppen unter den Zehen

**sympatrisch** zusammen vorkommend

**Synonym** in der Systematik: ein für ungültig erklärter Name

**translucent** durchscheinend; bei Bartagamen verursacht durch das Fehlen der hellen/weißen Pigmente

**ventral** am Bauch, bauchwärts

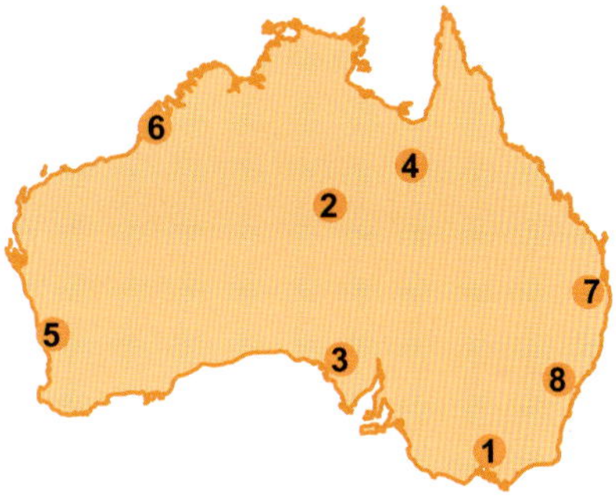


# Klima

Balken = Niederschläge (monatl. Mittelwert)
obere Kurve = Tagestemperatur (monatl. Mittelwert)
untere Kurve = Nachttemperatur (monatl. Mittelwert)

## 1 Melbourne

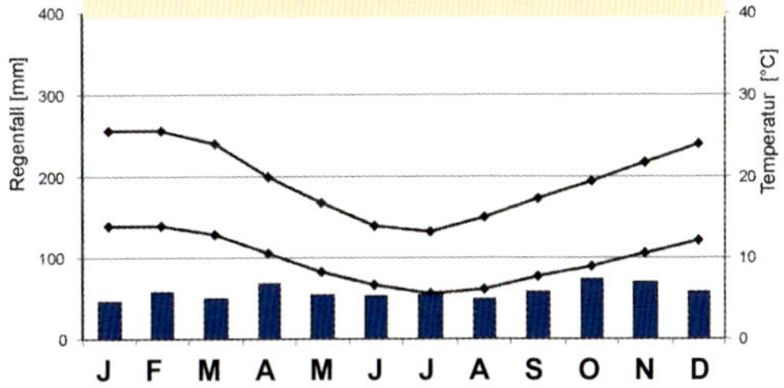


## 2 Alice Springs

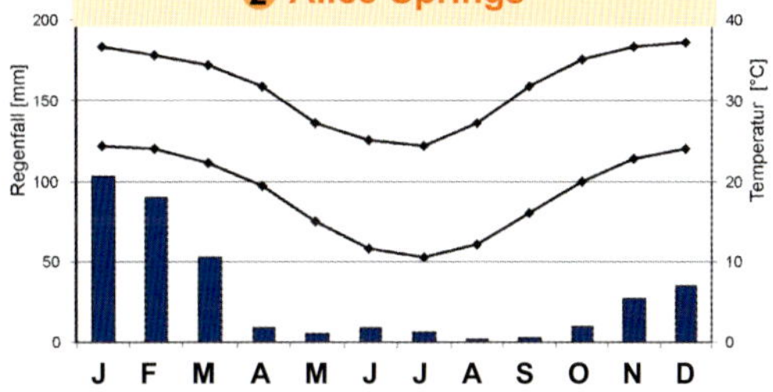


## 3 Pt. Augusta

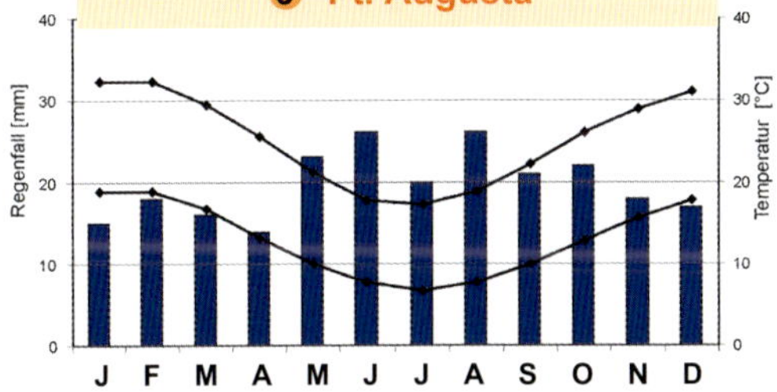


## 5 Cloncurry

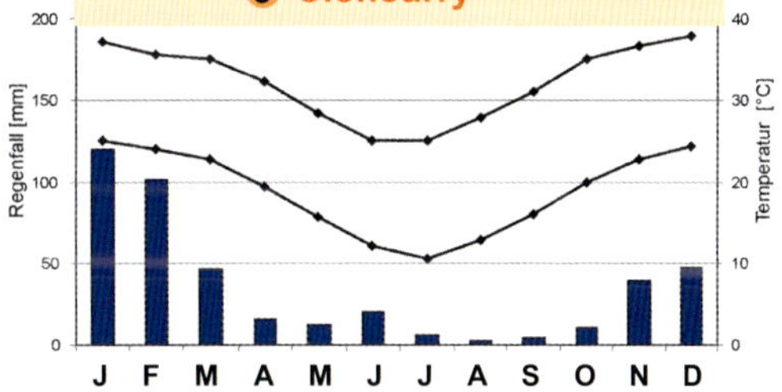


## 5 Perth

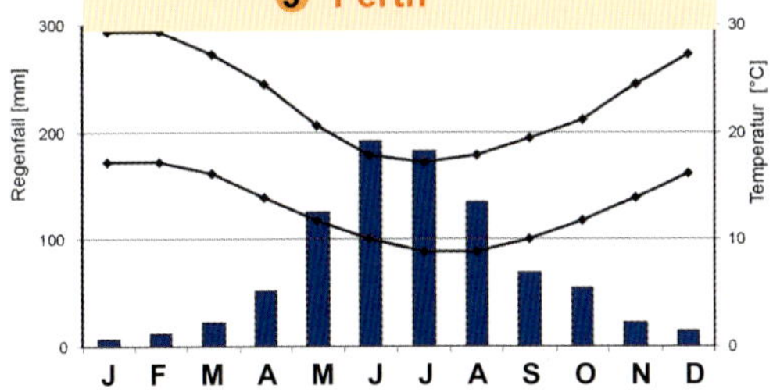


## 6 Broome

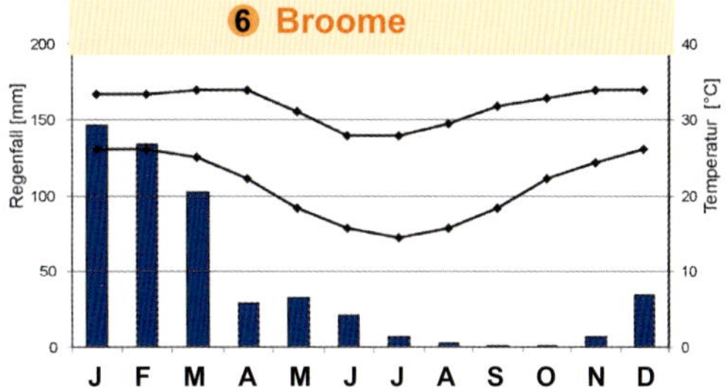


## 7 Brisbane

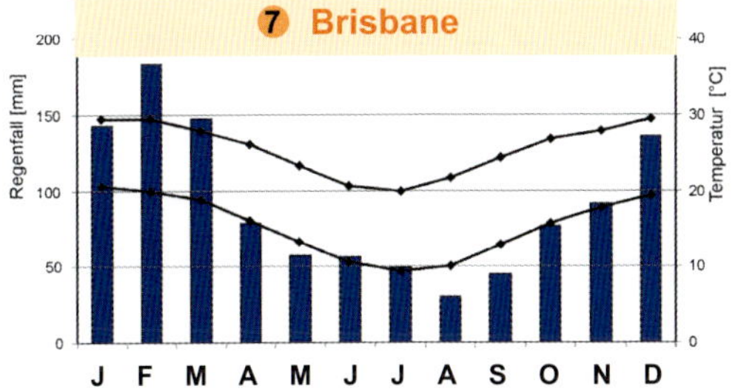


## 8 Sydney

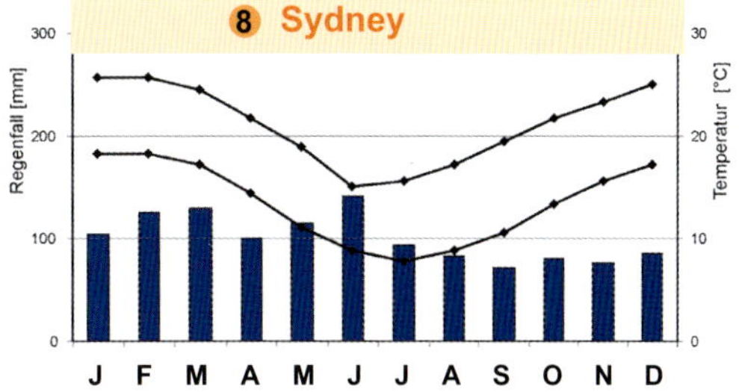

## Futterpflanzen*

Acker-Glockenblume
Acker-Kratzdistel
Acker-Witwenblume
Ackerwinde
Alfalfa
Basilikum
Bechermalve
Berufkraut, Einjähriges
Bibernelle, Kleine
Bocksbart
Breitwegerich
Brennnessel
Brombeerblätter
Brunnenkresse
Chinakohl
Chicoreé
Dill
Eichblattsalat
Endivien
Erdbeerblätter und -blüten
Fenchelgrün
Feldsalat, Gewöhnlicher
Fingerkraut, Aufrechtes
Flockenblume
Franzosenkraut
Frauenmantel, Gewöhnlicher (Blätter)
Frühlings-Hungerblümchen
Futter-Esparsette
Garten-Ringelblume
Gänseblümchen
Gänsedistel
Gänsefingerkraut
Gelbklee
Giersch
Golliwoog
Habichtskraut, kleines
Hagebuttenblüten
Hainbuche (Blätter)
Haselnussblätter
Herbst-Löwenzahn
Hibiskus
Himbeerblätter
Hirtentäschel
Hornkraut
Inkarnatklee
Johannisbeerblätter
Kamille, echte
Käsepappel
Kapuzinerkresse
Karottengrün
Kerbel, Garten-
Klee
Klette
Kletten-Labkraut
Knoblauchsrauke
Knopfkraut, kleinblütiges
Kohl-Gänsedistel
Kohl-Kratzdistel
Kompasslattich
Kriechendes Schönpolster (Golliwoog)
Kornblume
Kürbis (Blätter und Blüten)
Löwenzahn
Luzerne, Saat-
Majoran
März-Veilchen
Margerite, Wiesen-
Mariendistel
Malve, Wilde
Melde
Milchdistel
Minze, Grüne
Mittlerer Wegerich (Blätter)
Möhrengrün
Nachtkerze, Gemeine
Nickende Distel
Oregano
Persischer Klee
Pimpinelle
Rainkohl, gewöhnlicher (Blätter)
Radicchio
Ringelblume
Romanasalat
Rote Taubnessel
Rotklee
Ruccola
Saat-Wicke (Blätter)
Sellerieblätter
Schwedenklee
Sonnenblumenblütenblätter
Spitzwegerich
Sternmiere
Stiefmütterchenblüten
Stockrose
Storchschnabel
Taubnessel
Thymian
Topinambur
Veilchenblüten
Vergissmeinnicht (Blüten)
Vogelmiere
Wegerich, mittlerer
Weinblätter (keinen wilden Wein)
Weißklee
Weiße Taubnessel
Wicke, Behaarte
Wilde Möhre
Wildrose
Wiesen-Bocksbart, gewöhnlicher
Wiesen-Glockenblume
Wiesen-Labkraut
Wiesen-Pippau
Wiesen-Schafgarbe
Wiesenknopf, großer (Blätter)
Wiesenknopf, kleiner (Blätter)
Zaun-Wicke (Blätter)
Zitronenmelisse
Zucchini (Blüten)

* Auswahl geeigneter Pflanzen für den Grünfutterteller (Bitte Hinweise auf Seite 121 beachten und ggf. wegen Verwechslungsgefahr ein Wildkräuterbuch benutzen). Quellen: Minch 2008, Busch 2009, Fleischhauer 2003

# Register